Willi Rolfes & Andreas David

WILDTIER

Impressionen

Weltbild

I m p r e s s u m

Genehmigte Lizenzausgabe für Weltbild GmbH & Co. KG, Werner-von-Siemens-Str. 1, 86159 Augsburg

Ein Unternehmen der Paul Pietsch Verlage GmbH & Co. KG
Lizenznehmer der Bucheli Verlags AG, Baarerstr. 43, CH-6304 Zug

Alle Bilder stammen von Willi Rolfes, www.willirolfes.de
Die Texte wurden von Andreas David verfasst.

Lektorat: Steffi Gaede
Innengestaltung: Kornelia Erlewein
Umschlaggestaltung: Büro 18, Friedberg (Bay.)
Umschlagmotive: Vorderseite und Rückseite links: Willi Rolfes/mauritius images/United Archives
Rückseite: mauritius images/Minden Pictures/Willi Rolfes/NIS
Druck und Bindung: Neografia, a.s. printing house, Martin
Printed in the EU

ISBN 978-3-8289-3943-1

2019 2018 2017
Die letzte Jahreszahl gibt die aktuelle Lizenzausgabe an.

Besuchen Sie und im Internet:
www.weltbild.de

I n h a l t

Frühling

Sommer

H e r b s t

Winter

Nikon
D200
Nikon D200
sachtler

Es ist noch gar nicht so lange her, dass auch der Alltag der Menschen in Mitteleuropa unmittelbar vom Lauf der Jahreszeiten, den Unbilden des Wetters, dem Fleiß beim Sammeln von Früchten, den Wanderungen der Tiere oder dem Jagdglück entscheidend geprägt wurde. Durch den technischen und kulturellen Fortschritt aber konnten wir uns von diesen Einflüssen weitgehend unabhängig machen. Trotzdem entstammen wir letztlich einer Naturlandschaft, die als Teil einer langen Evolutionsgeschichte zweifelsohne einen prägenden Einfluss auf unsere Identität genommen hat. Unsere Kultur basiert wie jede andere Kultur weltweit in ihren Grundfesten auf den natürlichen Gegebenheiten in den unterschiedlichen Regionen und Ländern. Die Art, wie unsere Vorfahren jagten, wie sie ihre Häuser bauten, den Boden urbar machten oder sich vor dem Wetter schützten, beeinflusst uns bis heute. Unsere Ahnen erlebten ganz unmittelbar und alltäglich, dass auch wir Menschen nur ein Teil des großen Ganzen sind.

In einer technisierten und virtuellen Welt laufen wir heute Gefahr, das Bewusstsein für dieses reiche Naturerbe zu verlieren. Auch heute noch existiert eine große Vielfalt in der uns umgebenden Natur und Umwelt. Es kreisen See- und Steinadler am Himmel, Rot- und Damhirsche durchstreifen den Wald, Kraniche trompeten im Moor oder ein Hermelin jagt in der Heide … Doch wie soll man ein Bewusstsein oder gar eine emotionale Bindung entwickeln, wenn man nur wenig oder gar nichts darüber weiß?

Der Leitgedanke der Gesellschaft deutscher Tierfotografen (GDT) lautet: »Naturbilder schaffen Naturverständnis.« Dahinter steht die Erkenntnis, dass es heute von besonderer Wichtigkeit ist, bildliche Brücken ins Bewusstsein der Menschen zu bauen. Naturbilder können eindringliche Botschaften sein, die für unsere Wildtiere und -pflanzen sensibilisieren und werben.

Als Autorenteam ist es uns ein besonderes Anliegen, exemplarisch aufzuzeigen, mit welchem Reichtum wir durch dieses Naturerbe beschenkt wurden. Durch die Naturfotografien und wildbiologischen Beschreibungen möchten wir Sie neugierig machen auf die »Wildnis« mitten in Deutschland. Wir wünschen uns, dass dieses Buch Sie einlädt, die großen Naturlandschaften mit ihren Wildtieren zu besuchen und zu schützen.

Im September 2012 Willi Rolfes [Unterschrift]

Je nach geografischer Lage, Meereshöhe, Exposition (Himmelsrichtung) sowie dem Grad der menschlichen Einflussnahme und vielen anderen Faktoren zeigen uns unzählige Landschaftsbilder im Wechsel der Jahreszeiten, wie unterschiedlich und vielgestaltig die Formen und Strukturen der uns umgebenden Natur- und Umwelt sind. Selbst in einem so dicht besiedelten und hoch industrialisierten Staat wie Deutschland. Denn bei genauer Betrachtung gleicht kein Lebensraum dem anderen!

Dass Wald nicht gleich Wald ist, zeigt uns beispielhaft der Nienhäger Gespensterwald.

Besonders ins Auge fallen uns jedoch naturgemäß die extremen Abweichungen von der nur scheinbar gegebenen Norm. Ein treffendes Beispiel dafür bietet uns der Gespensterwald von Nienhagen an der mecklenburg-vorpommerschen Ostseeküste. Der stetige Ostseewind formte die Stämme und Kronen der dortigen Buchen, Eichen, Hainbuchen und Eschen. Unmittelbar an der Küste und Kliffkante sorgt das bei Hochwasser mitunter eintretende Brack- oder Salzwasser sowie das in der Vegetationsphase weitgehend geschlossene Kronendach darüber hinaus für eine äußerst spärliche Krautschicht. Besonders im Winter aber, wenn sich das Licht der Morgen- oder Abendsonne in der Ostsee spiegelt, präsentiert uns der Nienhäger Gespensterwald geradezu bizarre Bilder.

So faszinierend derartig verblüffende Extreme auf uns auch wirken mögen, letztlich sind auch sie nur weitere Beispiele für die mögliche Vielgestaltigkeit der Lebensräume. Denn ein »normales« Waldbild vor unserem geistigen Auge sieht sicher anders aus. Doch ist Wald eben nicht gleich Wald – schon gar nicht im Wechsel der Jahreszeiten. Einen kleinen Einblick in diese Wechsel und in die Artenvielfalt diverser Lebensräume möchte Ihnen dieses Buch vermitteln.

Wetten, dass sich auch in Ihrem näheren Umfeld einzigartige Landschaften und »natürliche Schönheiten« finden? Man muss nur danach suchen und mit wachen Augen und offenem Herzen losmarschieren. Es lohnt sich! Und vergessen Sie die Kamera nicht …

Frühling
im Bockrevier

»Schöner Frühling, komm doch wieder,
Lieber Frühling, komm doch bald,
Bring' uns Blumen, Laub und Lieder,
Schmücke wieder Feld und Wald!«

heißt es im Frühlingsgedicht von Hoffmann v. Fallersleben.
Treffender ist unsere Sehnsucht nach dem Frühling wohl kaum zu beschreiben. Alles erwacht zu neuem Leben, alles wächst und gedeiht. Und mittendrin liegt die Setzzeit der Rehe. Diese Geiß hat ihren Nachwuchs vor etwa zwei Wochen zur Welt gebracht. Ob sich noch ein oder gar ein zweites Geschwister im Umfeld befindet, wissen wir nicht. Ebenso erkennen die Rehmütter ihre Kitze bis etwa zum Abschluss der dritten Lebenswoche nicht individuell. Auch wenn es uns – wie in dieser Szene – fast ausgeschlossen erscheint.

In der Abliegephase der Rehkitze ist die Aufenthaltszeit der Geißen bei ihrem Nachwuchs sehr gering. Neben dem Säugen und Pflegen der Kitze widmen sie sich vor allem der Nahrungsaufnahme und genießen die sich bietenden Ruhephasen. Ihre Aufmerksamkeit erlischt jedoch nie. Ertönt das Angstgeschrei der Kitze, ist die Ricke nach kürzester Zeit vor Ort und versucht, etwaige Beutegreifer mit gezielten Schlägen der Vorderläufe zu vertreiben.

Das Rehwild zählt fraglos

zu den anmutigsten

Wildtieren Mitteleuropas.

Ein kleiner »Springinsfeld« sowie ein spielerisches Drohen zwischen Jugendlichen. Während die älteren Rehböcke in aller Regel bereits im März und vor allem im April ihre Geweihstangen vom Bast befreien, fällt in die Setzzeit im Mai und Juni das Verfegen der Jährlingsgehörne. Diese beiden Youngster sind wahrscheinlich Brüder. Im Gegensatz zu den territorialen Böcken müssen sie zunächst nach einer Jährlingsbleibe Ausschau halten.

Auch sehr junge Rehkitze sind bereits erstaunlich mobil.

Vor allem unsere Mitmenschen aus städtischen Ballungsräumen aber haben nicht annähernd eine realistische Vorstellung davon, welch verheerende Auswirkungen die industrielisierte Landwirtschaft auf die gesamte Biodiversität des Offenlandes mittlerweile genommen hat. Die zunehmend größer werdenden und subventionierten Anbauflächen für »nachwachsende Rohstoffe« zur Produktion von nach wie vor wenig effizientem Biogas und anderen »Ökokraftstoffen« werden die Situation weiter verschärfen.

Als schwacher Trost bleiben uns die verbliebenen Arten und Farben des Frühlings, an denen wir uns guten Gewissens erfreuen können. Von diesen soll auf den folgenden Seiten die Rede sein.

Leider nutzen viele Rehkitze die Mähwiesen als vermeintlich sichere Verstecke.

Noch immer werden Rehkitze fälschlicherweise als »Bambis« bezeichnet. Denn Walt Disneys »Bambi« war ein Kalb des nordamerikanischen Weißwedelhirsches.

Schon nach kurzer Zeit versuchen die Kitze, mit der Mutter zu flüchten.

Zunächst jedoch zurück zum Rehwild. Trotz aller mütterlicher Fürsorge werden die Kitze als spätere »Einzelgänger« im Vergleich zu den Jungtieren anderer Hirscharten, zum Beispiel jenen des Rotwildes, schon sehr früh weitgehend autark und relativ selbstständig. Bereits im Juli verlieren sie ihr Tarnkleid und passen sich farblich den älteren Rehen an. Und schon zur spätsommerlichen Brunftzeit bleiben sie stunden- oder gar tageweise allein und erkunden so oder gemeinsam mit ihren Geschwistern ihr näheres Umfeld. Die Säugezeit ist relativ kurz. Bereits im September und Oktober beobachten wir nur noch ausnahmsweise saugende Kitze. Schon einige Zeit vorher steigt die Unduldsamkeit der Geißen und die Saugaktivität der Kitze sinkt. Darüber hinaus werden die Kitze durch Hinterlaufschläge der Ricke immer häufiger vom Saugen abgehalten. Trotzdem suchen auch Rehkitze bis zur nächsten Setzzeit im Mai und Juni die Obhut und Führung des Muttertieres. Die Geißen führen ihren Nachwuchs an besonders ergiebige Nahrungsplätze und zeigen ihm sichere und gut gedeckte Schlaf- und Ruheplätze. Ebenso vermitteln sie den Kitzen die angestammten Wechsel und möglichst kurze Fluchtwege.

Erst im nächsten Frühling löst sich der enge Kontakt mit der Auflösung der Mutterfamilien. Dabei »verabschieden« sich die männlichen Kitze relativ früh, während ihre weiblichen Jahrgangsgenossen häufig erst durch ein sehr aggressives Verhalten der Mutter vorläufig vertrieben werden.
Die Rehböcke hingegen verbringen den Frühling und Frühsommer weitgehend mit der Markierung und Verteidigung ihrer Territorien. Doch leben, entgegen einer – auch unter Jägern – weit verbreiteten Meinung, durchaus nicht alle älteren Böcke in fest abgegrenzten Revieren. Denn auch Rehböcke nutzen unterschiedliche Strategien, um den angestrebten Fortpflanzungserfolg zu erreichen. So unterscheidet die Wildbiologie mittlerweile Revierinhaber mit einem mehr oder minder großen Aggressionspotenzial von sogenannten Grenzgängern und Pazifisten. Letztere weichen Auseinandersetzungen mit gleichgeschlechtlichen Artgenossen aus und versuchen erst gar nicht, ein Territorium zu besetzen und zu verteidigen. Auch zeigen sie darüber hinaus keinerlei territoriale Verhaltensweisen, wie zum Beispiel das bekannte Plätzen mit den Vorderläufen.
Wie hoch ihre tatsächliche Anzahl ist, bleibt nicht zuletzt durch die sehr unterschiedlichen Lebensräume, Wilddichten und Sozialstrukturen in den allermeisten Fällen ungeklärt. Die einjährigen Rehböcke bleiben in der Regel zunächst revierlos. Mitunter werden sie von den älteren Böcken geduldet, suchen ihre Einstände im »Niemandsland« zwischen den Territorien oder wandern ab. Dies wird nicht zuletzt durch die im Frühling und Frühsommer bedauerlicherweise besonders hohen Fallwildverluste im Straßenverkehr verdeutlicht.

Körperpflege wird auch bei Rehen groß geschrieben.

Mit den letzten verbliebenen, alten Apfelbäumen erstrahlt auch der Raps in voller Blüte. Ein ebenso sattes wie beeindruckendes Farbenspiel. Auf zunehmend größeren Flächen erfreut uns die zu den Kreuzblütengewächsen (Brassiceae) zählende Nutzpflanze im Frühling mit dem leuchtenden Gelb ihrer Blütenblätter. Doch der Schein trügt. Denn auch die »gelben Meere« stehen letztlich für eine weitestgehend artenarme Ökowüste. Was den Imker als Bienenweide zur Produktion von Rapshonig sowie weitere Insekten erfreut, entpuppt sich für die meisten Säugetier- und Vogelarten als kaum oder nicht nutzbarer Lebensraum. Während die Blätter der jungen Rapspflanzen von Rehen und anderen Wildwiederkäuern sowie Hasen und einigen Vogelarten noch begierig aufgenommen werden, gibt ihnen der Raps später allenfalls noch geeignete Deckung.

Ursprünglich stammt der Raps aus dem östlichen Mittelmeerraum. Doch wird er wegen des hohen Ölgehaltes seiner Samenkörner auch in Mitteleuropa seit Jahrhunderten kultiviert. Zunächst blieb der Einsatz des Rapsöls wegen seines bitteren Geschmacks weitgehend auf die Herstellung von Lampenölen, Margarinen sowie Schmierstoffen und Industrieölen beschränkt. Durch den Gehalt bestimmter Glykoside war eine Verwertung als Nahrungsmittel oder Tierfutter größtenteils ausgeschlossen. Erst durch Neuzüchtungen im 20. Jahrhundert wendete sich das Blatt. Heute wird Raps zur Herstellung hochwertiger Speiseöle und -fette genutzt, rückt aber immer mehr in den Fokus der Politik der nachwachsenden Rohstoffe. Etwa drei Viertel des in Deutschland gewonnenen Rapsöls dient der Erzeugung von Biokraftstoffen und anderen industriellen Zwecken. Was zunächst umweltschonend erscheinen mag, steigert bei genauerem Hinsehen die Monotonie und Artenarmut der Feldlandschaft.

Auf den ersten Blick erinnert das obige Bild fast ein wenig an die oft zitierten Symbole oder Nachrichten außerirdischer Lebewesen. Letztlich aber verdeutlicht es die reißbrettförmige und industriealisierte Form moderner Landwirtschaft. Eingekreist im Blütenmeer der Rapspflanzen befindet sich jedoch ein echtes Kleinod: ein Söll oder Soll. Als Sölle werden natürlich entstandene Standgewässer bezeichnet, die sich nach der Weichseleiszeit in den eingesenkten Trichtern verschütteter und allmählich abschmelzender Eisblöcke bildeten. Sie sind heute vor allem im nordostdeutschen Tiefland, besonders in Mecklenburg-Vorpommern, in verschiedenen Verlandungsstadien anzutreffen.

Sölle erfüllen wichtige Funktionen als Trittsteinbiotope. Sie ermöglichen insbesondere Kleintieren (z. B. Amphibien) mit vergleichsweise geringen Aktionsradien den Austausch zwischen größeren Verbreitungszentren sowie die Neu- und Wiederbesiedlung geeigneter Lebensräume. Darüber hinaus bilden sie Rückzugsinseln für etliche, mittlerweile seltene Vogelarten wie Rothalstaucher oder Wasserralle. Der Erhalt dieser im Regelfall nicht mehr als maximal zwei Hektar umfassenden Kleingewässer stellt einen wichtigen Beitrag zum allgemeinen Natur- sowie zum speziellen Artenschutz dar. Während einige Sölle ehedem im Zuge von »Meliorationsmaßnahmen« eingeebnet und umgepflügt wurden, gehören sie heute zu den laut Bundesnaturschutzgesetz geschützten Biotoptypen. Allerdings sorgt der Nährstoffeintrag (Eutrophierung) durch die intensive Landwirtschaft an etlichen Söllen für einen beträchtlichen Rückgang der natürlichen Fauna und Flora. So verdrängen beispielsweise nährstoffliebende und biomassereiche Pflanzenarten konkurrenzschwächere Spezies. Weiterhin sorgt die Eutrophierung hier und dort für eine weitgehende Verlandung.

Während die meisten von uns den Anblick von Schmetterlingen mit dem Sommer oder Hochsommer verbinden, sind einige Arten regelmäßig bereits im Frühling zu beobachten. Zu diesen Spezies gehört der abgebildete Aurorafalter, links ein Männchen, rechts ein weibliches Tier.

Der Aurorafalter gehört zur relativ artenreichen Familie der Weißlinge (u. a. Kohlweißling) und fliegt bereits ab April, in wärmeren Regionen schon im März, bis in den Juni und Juli hinein. Während die männlichen Falter durch ihre auffallend orangefarbenen Flügelspitzen auch für Ungeübte leicht zu erkennen sind, werden die unauffällig schlicht gefärbten Weibchen leicht mit anderen Weißlingen verwechselt. Zu den bevorzugten Futterpflanzen der unscheinbar und weißlichgrünen Raupen zählt das abgebildete Wiesen-Schaumkraut. Wie der Raps gehört das Wiesen-Schaumkraut zu den Kreuzblütengewächsen. Seine weißen bis leicht violetten Blüten kennzeichnen ab April und Mai nährstoffreiche Wiesen. Sein Nektar ist nur von Schmetterlingen und Bienen zu erreichen. Andere Insekten, beispielsweise Schwebfliegen, »ernten« die Pollen.

Eine frühlingshafte Farbpalette. Die Bilder zeigen Buschwindröschen, Leberblümchen, Schneeglöckchen,

Waldveilchen, Frühlings-Scharbockskraut, Waldsauerklee und Märzenbecher.

Ein in vielen Feld- und Mischrevieren mittlerweile selten gewordenes Frühlingsschauspiel ist die Balz der Fasanenhähne. Bereits Ende März und im April ist der Revierruf als metallisch klingendes Gock-Gock zu hören, häufig gefolgt von polternden Flügelschlägen und einem Flattersprung. Zwischen rivalisiernden Hähnen kommt es in der Balzzeit mitunter zu erbitterten Kämpfen. Schon Mitte April beginnen die ersten Hennen mit der Eiablage. Als Brutplätze werden gedeckte Klee- und Wiesenschläge, Randstreifen, Hecken und Brombeerbüsche bevorzugt. In einer flachen Erdmulde legt die Henne etwa 12 bis 15 olivgrüne Eier, die durchschnittlich 24 Tage bebrütet werden. Die Küken sind Nestflüchter und werden von der Henne geführt. Bereits im Alter von acht Wochen sind sie fast selbstständig, bleiben aber noch bis zum Herbst zusammen.

Das ursprüngliche Verbreitungsgebiet des Fasans reichte vom Schwarzen Meer über Zentralasien bis China, Korea und Japan. Über Griechenland und später durch die Römer gelangte der Fasan nach Mitteleuropa und England. Seine Entwicklung als Jagdwild fand ihren Höhepunkt in Deutschland etwa um 1970, als allein in den alten Bundesländern Jahresstrecken von 1,3 Millionen Fasanen erreicht wurden. Danach folgte bis heute ein stetiger und dramatischer Rückgang der Besätze. Die intensive Landwirtschaft und ein riesiges Heer von Beutegreifern tragen entscheidend dazu bei.

Durch weit hörbare Rufe und Flattersprünge machen die Fasanenhähne zur Balz auf sich aufmerksam.

Eine völlig gegensätzliche Entwicklung nahmen die Populationen der Graugans in Deutschland. Die Stammform unserer Hausgänse war bis in die 1970er Jahre aus weiten Teilen Deutschlands und Europas komplett verschwunden. In den zurückliegenden Jahrzehnten stiegen die Vorkommen jedoch ebenso steil wie kontinuierlich wieder an. Was Ornithologen und andere Naturfreunde gleichermaßen freut, führt hier und dort mittlerweile jedoch zu beträchtlichen Schäden in der Landwirtschaft. Durch entsprechende Managementpläne versuchen Naturschützer und Jäger die Schäden zu minimieren.
Wie alle heimischen Wildgänse nehmen auch Graugänse ihre Nahrung an Land auf. Die zweitgrößte Wildgans Europas lebt in Einehe (monogam). Regional unterschiedlich beginnt die Brut bereits im März und April. Nach einer Brutzeit von 28 bis 29 Tagen schlüpfen durchschnittlich vier bis sieben Gössel. Auch sie sind Nestflüchter. Ein Großteil der deutschen Vorkommen überwintert mittlerweile in den Brutgebieten. Im Unterschied zum Fasan und den Wildenten sind die beiden Geschlechter bei sämtlichen Wildgänsen kaum voneinander zu unterscheiden. Der Ganter ist lediglich etwas größer.
Während der Habicht die Fasanenbesätze durchaus spürbar reduzieren kann, stehen Graugänse nur in sehr seltenen Ausnahmefällen auf seiner Nahrungsliste.

Der Habicht besiedelt mittlerweile wieder fast alle geeigneten Lebensräume Deutschlands.

Alljährlich im Frühling sind sie wieder gehäuft zu beobachten – die auffälligen Reihflüge der Stockenten, die der Paarungszeit der Breitschnäbel letztlich ihren Namen gaben: Reihzeit. Tatsächlich verbirgt sich aber hinter der Balz und Paarbildung der Enten ein relativ langer Prozess, der regelmäßig bereits mit der Herbstbalz, also weit vor der eigentlichen Brut- und Aufzuchtzeit beginnt. So können bis zu 75 Prozent der Stockenten bereits im Oktober oder November fest verpaart sein. Ihr Anteil steigt dann über die Wintermonate hinweg bis zum März und April weiter an. Durch das Zugverhalten der Stockente findet die Balz und Paarbildung häufig also weitab des jeweiligen Brutgebietes statt. Dies wiederum bedingt, dass die meisten Stockenten bereits verpaart in ihrem Brutgebiet ankommen – was auch für andere Schwimmenten gilt. Fest verpaarte Stockenten sind relativ leicht zu erkennen. Einerseits bewegen sich die Partner meist abseits größerer Trupps unverpaarter Artgenossen, andererseits verteidigt der Erpel sein Weibchen und auch die Ente wehrt Annäherungsversuche fremder Erpel ab. Die Partner fliegen gemeinsam zur Nahrungssuche und ruhen oder schlafen zur gleichen Zeit.

Die Bedeutung des sogenannten Reihens ist bis heute nicht gänzlich geklärt. Dabei fliegen zwei oder deutlich mehr Erpel mit einer Ente in quasi linearer Anordnung oder seitlich leicht versetzt. Eine mögliche Erklärung resultiert aus der augenfälligen Promiskuität der Erpel. Denn gar nicht selten folgen die Erpel jedem Weibchen, dass sie außerhalb ihres Nestbereiches entdecken. Dadurch wiederum können andere Erpel aufmerksam werden und folgen. So kommt es eventuell zu den teilweise nur sekunden-, mitunter aber auch minutenlangen Verfolgungsflügen.

Die Reihflüge der Stockenten gehören zu den auffälligsten Verhaltensweisen der mit Abstand häufigsten heimischen Entenart.

Mit dem Beginn der Brut sinkt dann die Bindung der Erpel an die »eigene« Ente weiter ab. Während sie sich zum Beginn der Legeperiode noch regelmäßig in der Nähe des Nestes aufhalten und dem Weibchen folgen, sobald dieses den Brutplatz verlässt, steigt mit zunehmender Dauer die Tendenz, sich mit anderen Erpeln zu vergesellschaften und mit diesen ab etwa Mai in die Mauser zum Schlichtkleid zu treten.

Wenig bekannt ist die Tatsache, dass es bei zahlreichen Entenarten zu Mischgelegen kommt. Dabei legen ein weiteres oder gar mehrere Weibchen in ein bereits bestehendes Nest. An besonders großen Gelegen der Stockente – bestehend aus 15, 17 oder mehr Eiern – sind deshalb in der Regel mehr als ein Weibchen beteiligt. Bei diesem Nestparasitismus kommt es gelegentlich auch zu Mischgelegen nahe verwandter Arten.

Zu den Highlights eines jeden Frühlings zählt die Beobachtung der Graugansgössel.

Der Weißstorch
zählt zu den
klassischen
Kulturfolgern.
Bekannt ist er bis
heute als »Kinder-
und Glücksbote«.

Schon im Februar und März zeigen sich die ersten Weißstörche in ihren hiesigen Brutgebieten. In der zweiten Märzhälfte und im April werden dann die angestammten oder neuen Horste besetzt. Es klappert wieder im Ort ...
Zu den festen Anlaufpunkten auf dem Heimzug aus den afrikanischen Winterquartieren zählt die »Deutsche Storchenstraße« in den niedersächsischen Elbtalauen. Nirgendwo sonst in Deutschland brüten so viele Weißstörche wie im dortigen Biosphärenreservat. Im Jahr 2010 zum Beispiel zählten die Verantwortlichen nicht weniger als 110 besetzte Horste in den Landkreisen Lüneburg und Lüchow-Dannenberg.
Träger der »Deutschen Storchenstraße« ist das Biosphaerium Elbtalaue im Elbstädtchen Bleckede. Der Weißstorch brütet in Europa von Spanien bis Russland sowie in Nordafrika und Vorderasien. In Deutschland erreichte die Brutpopulation zu Beginn der 1980er Jahre mit nur noch knapp 2.200 Paaren einen historischen Tiefstand. Seither zeigen die Bestände europaweit einen erfreulichen Aufwärtstrend. In Deutschland brüten derzeit wieder etwa 4.600 Storchenpaare. Die Weltnaturschutzunion IUCN beziffert den Weltbestand auf etwa 230.000 Brutpaare, davon horsten gut 50.000 Paare jedoch allein in Polen.
Der Weißstorch zählt zur Ordnung der Schreitvögel und bebrütet etwa 30 bis 32 Tage lang drei bis fünf Eier. Weißstörche wiegen zwischen 2,5 und 4 Kilogramm und erreichen eine Flügelspannweite von 200 bis 220 cm. Ihr Nahrungsspektrum umfasst überwiegend Regenwürmer, Insekten, Frösche, Kleinsäuger und Fische.

Welch ein Anblick. Weißstörche zählen fraglos zu den beliebtesten Arten der heimischen Vogelwelt.

Blaumeise

Zaunkönig

Rotkehlchen

Kohlmeise

Um den mitunter rauen und wechselhaften Wintertagen trotzen zu können, sollte man nicht allzu wetterfühlig sein. Doch auch vielen hart gesottenen Naturfreunden schlägt der Winter irgendwann aufs Gemüt. Kälte, kurze Tage und lange Dunkelheit sorgen für gedämpfte Laune, Niedergeschlagenheit bis hin zu Depressionen. Wer von uns freut sich also nicht auf den Frühling, auf frisches Grün, milde Luft und die zunächst zwar vereinzelten, aber immer intensiver werdenden Vogelkonzerte? Dabei ist es letztlich fast egal, ob es sich um das lautstarke Zwitschern und den prägnanten »Endtriller« des kleinen Zaunkönigs, das tremolierende Spötteln des Rotkehlchens, das relativ eintönige Läuten der Blau- und Kohlmeisen oder gar den bekannt faszinierenden Gesang der Nachtigall handelt. Die kleinen Singvögel zaubern den Frühling in unsere Köpfe, in Wald und Feld. Im Sinne des Wortes läuten sie das endgültige Ende des Winters ein. Wer jedoch genau hinhört, muss als Trost auch in den Wintermonaten nicht gänzlich darauf verzichten. So sind beispielsweise Zaunköng und Rotkehlchen fast ganzjährig zu hören. Hinzu kommen die klingelnden Lockrufe der Grünfinken an den Futterstellen und schon Ende Januar stimmt auch die Goldammer mit ihrem unverwechselbaren »zi, zi, zi, zi – bääääh« ein. Wer sich (noch) nicht zutraut, unsere »Tenöre« ohne direkten Anblick voneinander zu unterscheiden, kann sich unter www.vogelstimmen.de eine Gesangsprobe anhören.

Speziell den Bodenbrütern unter den heimischen Vogelarten kann neben anderen Beutegreifern vor allem der Fuchs empfindlich zusetzen. Doch was bleibt Reineke auch anderes übrig? Werden die allermeisten Jungfüchse in Deutschland doch im April zur Welt gebracht. Durchschnittlich starke Würfe umfassen dabei zwischen vier bis sechs Welpen. Und nach einer anfänglichen Phase, in der die Welpen von der Mutter ausschließlich gesäugt werden, wollen die hungrigen Mäuler gestopft werden. Zur Versorgung der Jungfüchse trägt häufiger als früher vermutet auch der Rüde bei. Dass die Füchse dabei auch vor den Gelegen sowie Jung- oder Altvögeln der bodenbrütenden Arten nicht Halt machen, liegt in der Natur der Sache. Sie nehmen, was sie kriegen können. Den Hauptteil der Welpennahrung machen im Normalfall aber nach wie vor Mäuse und andere Kleinsäuger aus. Dass die Zahl der Füchse in Deutschland darüber hinaus aus Sicht des speziellen Artenschutzes restlos überhöht ist, steht auf einem anderen Blatt Papier.

In der Zeit der Welpenaufzucht sind Füchse auch tagsüber zu beobachten.

Im Wonnemonat Mai beginnt auch die Flugzeit der Hirschkäfer. Doch ist der mit knapp zehn Zentimetern größte Käfer Europas auch in Deutschland selten geworden und wird auf der Roten Liste als stark »gefährdet« geführt. Um auf seinen Rückgang überdies aufmerksam zu machen, wurde er vom Kuratorium des Deutschen Entomologischen Institutes zum Käfer des Jahres 2012 gewählt. Namengebend waren die geweihartig ausgeformten Oberkiefer der Männchen. Die einfarbig schwarzen Weibchen werden bis etwa sechs Zentimeter lang. Was auch für viele Menschen bedrohlich erscheint, wird jedoch nur im Rivalenkampf und bei der Paarung eingesetzt. Denn zum Beißen oder Kneifen sind die großen Mandibel ebenso wie zur Nahrungsaufnahme nicht geeignet. Die Hintergründe für den Rückgang der imposanten Käfer sind vor allem im Mangel an geeignetem Totholz zu suchen. Dieses nämlich benötigen die Larven der Hirschkäfer für ihre mehrjährige Entwicklung.

Bevorzugt wird dabei die Eiche, doch werden mitunter auch andere Laubhölzer wie beispielsweise Buchen oder Linden angenommen. Gelegentlich werden die bis zu etwa zehn Zentimeter großen Larven auch in Rindenmulch und Gärten gefunden. Die Dauer der Larvenentwicklung scheint eng an die Qualität des Totholzes gebunden zu sein und dauert im Normalfall etwa vier bis fünf, eventuell aber auch sechs oder gar mehr Jahre. Die Käfer selbst leben nur einige wenige Wochen, denn regelmäßig bereits im Juli enden ihre Flüge, die meistens in der Dämmerung stattfinden. Die weitaus größte Zeit ihres Lebens verbringen Hirschkäfer also im Larvenstadium unter der Erde. Größere und stabile Vorkommen des Hirschkäfers finden sich heute fast ausschließlich in »urwaldartigen« und alten Eichenbeständen.

Bei einem raschen Frühlingseinbruch kann sein weißes Winterkleid das Hermelin enttarnen.

Mit dem Schneehasen und dem Alpenschneehuhn zählt das Große Wiesel oder Hermelin zu den wenigen heimischen Wildtierarten, deren Gefieder oder Fell in den Wintermonaten durch eine vorhergehende Mauser beziehungsweise einen Haarwechsel ganz oder teilweise weiß erscheinen. Im Alpenraum kommt das Mauswiesel hinzu. Hermelin und Mauswiesel zählen zur Familie der Marder und sind somit mehr oder minder eng mit dem Dachs verwandt – kaum zu glauben, oder? Doch bilden sie, beispielsweise mit dem Iltis, eine eigene Gattung, die als Erd- oder Stinkmarder bezeichnet wird. Bis auf die stets schwarze Schwanzspitze ist das Winterfell der Hermeline komplett weiß. In den wärmeren Regionen des Verbreitungsgebietes entfällt dieser Haarwechsel. Die weißen Felle oder Bälge wurden in früherer Zeit zu Mänteln und Roben verarbeitet, denen zur Zierde die schwarzen Schwanzspitzen aufgenäht wurden. Derartige Mäntel waren nur bedeutenden Adelsrängen oder Geistlichen vorbehalten und galten als Insignien der Macht.

Das Moor erwacht

Noch immer gelten Moore für viele Menschen als lebensfeindlich. Ein grundlegender Irrtum. Das Gegenteil ist der Fall! Obwohl Moore zu den vergleichsweise artenarmen Lebensräumen gehören, sind sie für das dauerhafte Überleben zahlreicher Pflanzen- und Tierarten absolut notwendig. Folglich auch für die international angestrebte Biodiversität. Bieten letztlich doch nur sie etlichen mehr oder minder spezialisierten Arten einen geeigneten Lebensraum. Doch ist Moor nicht gleich Moor! Denn auch zwischen Mooren gibt es erhebliche Unterschiede, die sich vornehmlich an ihrem Alter und ihrer Entstehung manifestieren. Folgen Sie uns, doch passen Sie auf, wo Sie hintreten ...

Moorlandschaften haben den Menschen seit jeher in ihren Bann gezogen. Einerseits als vermeintlich bedrohlicher Naturraum, andererseits als Wirtschaftsfaktor. Durch ihre einzigartigen Lebensgemeinschaften und ihre überragende Bedeutung im Natur- und Artenschutz gehören sie quasi zu den Juwelen unter den hiesigen Ökosystemen. Doch heute zählen Moore zu den seltensten und bedrohtesten Lebensräumen Deutschlands. Von den vor allem in Norddeutschland ehemals weit ausgedehnten Moorniederungen sind nur noch kleine Restflächen auf einigen tausend Hektar natürlich oder naturnah erhalten geblieben. Grundsätzlich unterscheiden wir mit dem Flach- oder Niedermoor sowie dem Hochmoor zwei charakteristische Moorformen. Beide unterscheiden sich zum einen durch ihre Oberflächenform, zum anderen durch ihre Wasserversorgung.

Hochmoore stehen im Gegensatz zu den Niedermooren nicht mit dem Grundwasser in Verbindung. Niederschläge gewährleisten ihre Wasserversorgung. Der Name Hochmoor rührt daher, dass der Moorkörper – im Gegensatz zu jenem der flachen Niedermoore – in die Höhe wächst, und sich schließlich uhrglasförmig über die Umgebung erhebt. Flachmoore »leben« also vom Grund- und Stauwasser, Hochmoore vernässen stets erneut durch Regenwasser und andere Niederschläge. Unter Übergangsmooren versteht man Formen, die von Niederschlags- aber auch noch von Untergrundwasser vernässt werden. Sie bilden die Vorläufer des Hochmoores. Darüber hinaus gibt es zahlreiche weitere sogenannte ökologische Moortypen. Hierzu zählen beispielsweise Sauer-Zwischenmoore und Kalk-Zwischenmoore mit einer jeweils spezifischen Tier- und Pflanzenwelt.

In der Folge soll es jedoch in der gebotenen Kürze nur um Hoch- und Niedermoore und ihre Enstehung gehen. Feuchte Senken, natürliche Abflussbecken und Stillgewässer neigen natürlicherweise zur Verlandung. Nährstoffe werden fortwährend eingetragen und fördern das Algen- und Pflanzenwachstum. Die absterbende Biomasse wird am Gewässerboden zunächst durch Bakterien und andere Kleinlebewesen abgebaut. Dabei wird viel Sauerstoff verbraucht. Es kommt zum Sauerstoffmangel und zum Stocken der Abbauprozesse. Die Reste lagern sich am Gewässerboden ab. Dadurch, dass die Zufuhr von Luftsauerstoff quasi unterbrochen ist, bildet sich aus abgestorbenem Pflanzenmaterial der allseits bekannte und ebenso geschätzte Torf.

Dieser Vorgang wiederholt sich ständig. Die Gewässer verlanden und »wachsen« von den Seiten, zunächst in den Flachwasserzonen, zu. Es entsteht ein nährstoffreiches, eutrophes Flach- oder Niedermoor mit einer reichhaltigen Pflanzenwelt, wie sie auch in den Uferbereichen von Seen und Teichen anzutreffen ist. Zunächst durch die große Nässe noch unterdrückt, bilden sich später an den Rändern Bruchwaldgesellschaften zumeist mit Erlen und Weiden als Niedermoorbruchwald. Zahlreiche Niedermoore wurden schon recht früh entwässert, um ihre nährstoffreichen Böden landwirtschaftlich nutzen zu können.

Moore bieten uns wahrhaft einzigartige Landschaftsbilder. Die Männchen des Moorfrosches erscheinen zur Paarungs- und Laichzeit ganz oder teilweise blau.

Hochmoore »wachsen« – so merkwürdig das klingen mag – auf einem wasserundurchlässigen Untergrund oberhalb des Grundwasserspiegels, auf dem sich Wasser staut und nicht ablaufen oder ins Grundwasser versickern kann. Hochmoore sind folglich auch durch eine positive Wasserbilanz gekennnzeichnet. Es wird, vereinfacht dargestellt, mehr Wasser zugeführt, als durch Verdunstung entzogen wird. Die Bildung von Hochmooren ist also nur in Klimagebieten möglich, die über ausreichende Niederschlagsmengen verfügen. Die charakteristischen Pflanzen der Hochmoore sind Torfmoose der Gattung Sphagnum, die in Mitteleuropa in etwa 40 Arten vorkommen. Sie entziehen nach ihrer Ansiedlung dem Wasser Mineralien und geben dafür Wasserstoffionen ab. Der pH-Wert sinkt auf Werte zwischen drei und vier ab. Durch das von ihnen geschaffene saure Milieu entziehen die Torfmoose fast allen anderen Pflanzenarten die Lebensgrundlage. Hochmoore sind folglich extrem nährstoffarme Lebensräume. Später, wenn die Torfmoose eine geschlossene Decke gebildet haben, wachsen sie quasi »auf sich selbst« weiter – je höher die Jahresniederschläge sind, umso schneller. Mit der Zeit erhebt sich der Hochmoorkörper uhrglasförmig nach oben. Zahlreiche Entwässerungsmaßnahmen haben jedoch vielerorts zu einem Absacken des Moorkörpers geführt. In der Folge ist die ursprüngliche Form des Hochmoores kaum oder nicht mehr zu erkennen.

Die in den unteren Schichten absterbenden Torfmoose bilden den sogenannten Hochmoortorf und letztlich erneut eine wasserundurchlässige Schicht. Ebenso können sich Hochmoore auch auf den Torfschichten von Niedermooren bilden. Offene Wasserflächen werden von den Torfmoosen überwachsen. Die so gebildeten Schwingrasen wurden manchem Moorwanderer oder anderen Besuchern zum tödlichen Verhängnis. Doch sind durchaus nicht alle später gefundenen »Moorleichen« auf derartige Unfälle zurückzuführen. Moore galten bei den Germanen als Zwischenreich, als eine Zone, in der sich das Reich der Götter von der Welt der Irdischen schied. Um ihre Götter zu ehren und zu besänftigen, opferten (versenkten) unsere Vorfahren in den Schwingrasen Tiere, Schmuck, ganze Boote und sogar Menschen. Die Opferplätze waren durch hölzerne Götzen gekennzeichnet.

Ein Charakteristikum der Moore ist das Wollgras. Links stehen Sonnentau und Breitblättriges Knabenkraut.

Mooren – vor allem Hochmooren – fiel durch ihre hohe Wasserhaltekapazität ehedem eine bedeutende Rolle für den natürlichen Wasserhaushalt zu. Darüber hinaus beherbergen sie noch heute zahlreiche seltene Tier- und Pflanzenarten, von denen auf den folgenden Seiten noch die Rede sein wird.
Entwässerte Hochmoore sind in der Regel an ihrem Folgestadium, der sogenannten Moorheide, zu erkennen. Moorheiden sind unter anderem durch Besen- und Glockenheide sowie durch das Pfeifen- oder Bentgras gekennzeichnet. Entwässerung, Torfabbau, Land- und Forstwirtschaft sowie der fast allgegenwärtige Freizeitdruck haben die Gefährdung oder Vernichtung von Mooren vorangetrieben.

Rehe und andere Paarhufer nutzen allenfalls die Randbereiche von Mooren als Lebensraum, …

Größere Säugetiere leben in der Regel nur in den Randbereichen von Mooren. Denn nur dort finden sie noch einen halbwegs sicheren Tritt. Vor allem das heimische Schalenwild kann sich durch die schmalen Hufe und relativ hohen Gewichte nicht auf den Schwingrasen der Kernzonen fortbewegen und würde im Zweifel versinken. Doch wer weiß wie viele »tierische Moorleichen« in den unteren Bereichen etlicher Moore ruhen? Dadurch aber, dass auch das Schwarzwild und weitere größere Beutegreifer die nassen Kernzonen meiden, können etliche Bodenbrüter auf den dort befindlichen Inseln größtenteils unbehelligt zur Brut schreiten – sofern ihnen nicht Raben- oder Greifvögel das Leben schwer machen. Von einigen Ausnahmen abgesehen meiden aber auch sie die Kernzonen der Moore, da das Nahrungsangebot anderenorts deutlich größer und leichter erreichbar ist. Es fehlen in den Mooren Kleinsäuger wie verschiedene Mäusearten, die in anderen Lebensräumen eine wichtige Nahrungsbasis zahlreicher Greifvögel bilden. Logischerweise – denn zum Anlegen von Bauen und Gängen ist der Moorkörper

... auf den nassen Schwingrasen fehlt auch ihnen die »Trittsicherheit«.

mehr als ungeeignet. Typische Reptilien der Moore sind die Wald-, Berg- und Mooreidechsen sowie Kreuzottern. Die Kreuzottern der Moore sind häufig völlig schwarz gefärbt und werden dann auch als Moor- oder Höllenottern bezeichnet.

Wer mehr über die Kultivierung von Mooren erfahren möchte, kann sich u. a. beim Moormuseum in Groß Hesepe im Landkreis Emsland (www.moormuseum.de) oder bei einem Besuch im Moor- und Fehnmuseum in Elisabethfehn im Cloppenburger Land informieren (www.fehnmuseum.de). Das Wort Fehn stammt ursprünglich aus dem Niederländischen (Veen) und bedeutet dort Moor. In Deutschland aber deutet die Endung »fehn« im Ortsnamen auf eine spezielle und seit dem 17. Jahrhundert genutzte Form der Moorkultivierung hin. Bei der »Fehnkultur« wurden in den Mooren zunächst schiffbare Kanäle und Seitenkanäle oder sogenannte Wieken angelegt. So konnten die angrenzenden Moorflächen teilweise entwässert werden.

Blau, grün und weiß sind die Charakterfarben der Moore.

Abgesehen von ihrer speziellen Fauna und Flora bestechen Moore durch einen Aspekt, der ihnen von vielen Menschen vor dem Hintergrund der relativen Artenarmut gar nicht zugetraut wird: eine sehr hohe Produktivität und positive Stoffbilanz. Durch die Fotosynthese der Pflanzen wird deutlich mehr organische Substanz gebildet, als durch Zersetzung und Fraß »verbraucht« wird. Je nachdem, ob es sich um Hoch- oder Niedermoore handelt, produzieren sie zwischen etwa acht bis 15 Tonnen Pflanzenmasse (Trockengewicht) pro Hektar und Jahr! Eine Tatsache, die ihnen allerdings zum Nachteil gereichte. Denn durch die Entwässerung, teilweise Urbarmachung und Abtorfung reduzierte sich die ursprüngliche Moorfläche – wie bereits erwähnt – vor allem in Nordeutschland auf vergleichsweise kümmerliche Reste. Damit gingen zahlreichen Tier- und Pflanzenarten, wertvolle Lebensräume und Rückzugsgebiete verloren.

Vor allem die Trockenlegung zum Zwecke der Abtorfung setzte den Mooren in erheblichem Maße zu. Der in den unteren Schichten gelagerte und stark zersetzte Schwarztorf wurde vornehmlich als Brennmaterial genutzt. Durch seinen geringen Heizwert wurde er später aber durch andere Energiquellen ersetzt. Seine Bedeutung im Gartenbau ist gering. Der in den oberen Grundschichten gelagerte und deutlich weniger zersetzte Weißtorf dagegen spielt bis heute im Gartenbau eine wichtige Rolle. Darüber hinaus darf ihre Bedeutung als Wasser- und Kohlenstoff- beziehungsweise Kohlendioxidspeicher sowie als möglicher »Wasserfilter« nicht unterschätzt werden.

Neben anderen Arten war und ist die Bekassine von der Kultivierung der Moore sowie der Entwässerung weiterer Feuchtgebiete betroffen. Ehedem weit verbreitet, ist der Schnepfenvogel heute nur noch selten zu beobachten. Im Volksmund wurde die Bekassine als »Himmelsziege« bezeichnet. Im Balzflug der Männchen erzeugen die versteiften äußeren Schwanzfedern durch Schwingung ein ziegenähnliches und weithin hörbares »Meckern«, das Ornithologen auch als »Wummern« bezeichnen. Die männlichen Tiere kreisen zunächst in weiteren Höhen und lassen sich dann im Sturzflug herabfallen.
Während die Bekassine noch im 19. Jahrhundert sehr häufig war und intensiv bejagt wurde, wird sie heute auf der bundesweiten Roten Liste als »vom Aussterben bedroht« geführt. Wissenschaftler gehen davon aus, dass sich ihr europäisches Verbreitungsgebiet schon in den kommenden Dekaden weiterhin drastisch verkleinern wird.

Auch die Bekassine ist von der Kultivierung der Moore betroffen.

Man muss kein Ornithologe sein, um von der Faszination der Kraniche gepackt zu werden. Annähernd weltweit gelten Kraniche als Symbole des Glücks. Doch sind es nicht allein die erhaben wirkenden Zugbilder, begleitet von den weithin hörbaren Rufen, die das Herz eines jeden Naturfreundes höher schlagen lassen. Wer in unmittelbarer Nähe eines Brutplatzes lebt, sehnt in jedem Frühjahr die ersten Rufe der beiden Brutpartner herbei. Ihre spektakulären Balztänze und die Schönheit der Kraniche an sich ziehen uns unweigerlich in ihren Bann. Dabei zeigen die mit bis zu 130 Zentimetern Körperhöhe größten heimischen Vögel ihre Tänze fast das ganze Jahr über. Während des eigentlichen Balzrituals erreichen sie jedoch die höchste Intensität. Obwohl auch Kraniche über eine Vielzahl verschiedener Rufe verfügen, steht der sogenannte Duettruf im Zentrum der Balz. Beide Partner neigen dabei den Hals nach hinten und heben die Schwingen leicht an. Kopf und Schnabel sind nach oben gestreckt. Beim »Tanz« mit ausgebreiteten Schwingen dagegen ist das typische und allseits bekannte Trompeten zu hören. Kraniche legen meistens zwei Eier, die von beiden Partnern etwa 30 Tage bebrütet werden. Als Brutplätze werden Moore, Sümpfe, Bruch- und andere Wälder sowie feuchte Senken – teilweise in weitgehend freier Feldflur – gewählt. Während in den 70er- und 80er-Jahren die Ankunft in den Brutrevieren erst im März beobachtet wurde, kehren die Kraniche jetzt bereits im zeitigen Februar zurück. Ebenso werden zusehends häufiger Überwinterungen oder Überwinterungsversuche im Brutterritorium beobachtet. Als Nahrung dienen den Großvögeln Würmer, Insekten, Amphibien, Reptilien, Fische und Kleinsäuger ebenso wie Sämereien, Getreide, Mais sowie andere Feld- und Waldfrüchte. Experten beziffern den westeuropäischen Bestand als »stark steigend« und laut IUCN ist der Kranich zur Zeit nicht gefährdet.

Der Zug und die Balzrituale der Kraniche bieten uns Naturschauspiele sondergleichen.

Sumpfohreulen sind im Gegensatz zu den anderen heimischen Eulenarten regelmäßig auch tagsüber zu beobachten.

Zum Arteninventar der Moore und anderer Feuchtgebiete zählt auch die seltene Sumpfohreule. Nomen est Omen ... Doch besiedelt die etwa taubengroße Eulenart als Bodenbrüter darüber hinaus auch Heiden, Dünen, Grasland, Agrarbrachen und sogar lichte Wälder. In etlichen Unterarten vorkommend, zählt die Sumpfohreule zu den Eulen mit dem weltweit größten Verbreitungsgebiet. Die kleinen Federohren sind meist angelegt und nicht sichtbar. In Deutschland und Mitteleuropa ist sie die einzige Eulenart, die regelmäßig auch tagsüber bei der Jagd beobachtet werden kann. Die zerstreuten Brutvorkommen weisen große Lücken auf. Dies auch vor dem Hintergrund, dass Sumpfohreulen ein wenig ortsgebundenes Leben führen. Sie sind im Unterschied zu vielen anderen Eulen und Käuzen eher »Vagabunden«, die sehr weite Wanderungen über mehrere tausend Kilometer durchführen können und dem Nahrungsangebot folgend, starke Schwankungen hinsichtlich ihrer Siedlungsdichte zeigen. Je nach Vorkommensgebiet sind Sumpfohreulen Zugvögel oder Teilzieher.
In ihren Überwinterungsgebieten können sie wie die Waldohreule Schlafgemeinschaften von 30, 40 oder mehr Tieren bilden. Als Spezies weitgehend offener Landschaften jagen Sumpfohreulen ganz überwiegend im Pirschflug, bei dem sie aus dem Flug heraus ihre Beute erspähen oder hören. Apropos: Die Federohren der Sumpf- und Waldohreule erfüllen keine Sinnesfunktion. Das extrem gute Hörvermögen der Eulen beruht auf anderen anatomischen und sinnesphysiologischen Besonderheiten. Während andere Vögel in der Regel relativ kleine, runde Ohröffnungen haben, zeichnen sich die Eulen durch schlitzförmige Ohröffnungen aus, die fast so lang wie die Kopfhöhe sind. Diese Ohröffnungen sind darüber hinaus nicht symmetrisch am Schädel angeordnet, die rechte Ohröffnung liegt etwas höher. Das Gehörzentrum im Gehirn ist darüber hinaus extrem gut entwickelt und etwa viermal so groß als bei vergleichbar großen Vögeln anderer Ordnungen. Wissenschaftler der Universität Oregon haben untersucht, welche Teile dieses Zentrums bei verschiedenen Geräuschquellen besonders aktiv sind: Kamen die Töne räumlich von oben, reagierten auch die Neuronen im oberen Abschnitt des Hörzentrums besonders, während Klänge von unten eine entsprechende Reaktion am unteren Ende dieses Gehirnbereichs auslösten. Rechts und links ebenso. Eulen haben also eine Art topografische Karte im Gehirn – allerdings dreidimensional.

In einigen europäischen Kulturkreisen hafteten den Eulen generell verschiedene Mythen, Legenden und Aberglauben an. Dabei ist es nicht wichtig, um welche Art es sich handelt. Eule ist Eule. Doch unterliegt die jeweilige Deutung international und regional starken Unterschieden. Einerseits galten sie als Vögel der Weisheit. Als solcher soll der Steinkauz ein Begleiter der griechischen Göttin Athene gewesen sein. Auch in vielen Kinderbüchern und Zeichentrickfilmen taucht die Eule häufig mit Brille und gerne mit Buch unter den Flügeln auf. In Indien dagegen gilt sie seit jeher als dumm und kommt in dieser Eigenschaft schon im Panchatantra (ca. 300 n. Chr.) vor. Der Begriff »Eule« gilt dort auch als Schimpfwort im Sinne von Idiot. In weiten Teilen Europas galten Eulen als dämonische Tiere und »Hexenvögel«, die Zerstörung, Krankheit und Tod brachten. Als »Pestvögel« sollen sie im Mittelalter Seuchen und gar Feuersbrunst angekündigt haben. Eine auf das Scheunentor genagelte Eule dagegen sollte das jeweilige Gehöft vor Unglück und Feuer schützen.

Auch Birkwild, Blaukehlchen und Krickente gehören zur Vogelwelt der Moore und Sümpfe.

Zu den eigentlichen Leitarten der Moore zählt unter anderem das Birkwild. Doch mit den Mooren schwanden auch die Vorkommen der Birkhühner. Und dies mit hoher Wahrscheinlichkeit irreversibel. Denn auch die letzten verbliebenen Populationen kämpfen ums Überleben und genießen im bundesweiten Artenschutz allerhöchste Priorität. Selbst groß angelegte und mühevolle Versuche zur Wiedereinbürgerung, beispielsweise im niedersächsischen Großen Moor bei Gifhorn, scheiterten. Neben sehr kleinen Restbeständen in der Rhön und im Bayerischen Wald leben die letzten Vorkommen heute in der Lüneburger Heide und in den Alpen, wo sich im Bereich der Baumgrenze ein zwar kleiner aber halbwegs stabiler Bestand bis heute halten konnte. Die eindrucksvolle Balz der »Schwarzen Ritter« droht also zumindest aus dem Tiefland für immer zu verschwinden. Neben fehlenden oder marginalen Lebensräumen setzen auch dem Birkwild zahlreiche Beutegreifer empfindlich zu.

Etwas Hoffnung bereiten die Vorkommen auf den NATO-Truppenübungsplätzen im Bereich der Lüneburger Heide sowie auf den Flächen des Vereins Naturschutzpark Lüneburger Heide. Auf Letzteren versuchen die Verantwortlichen durch den Einsatz eines Berufsjägers, der schwerpunktmäßig für die Reduktion der Beutegreifer zuständig ist, dem Birkwild unter die Schwingen zu greifen. Erste Erfolge zeichnen sich ab und schüren den Optimismus, dem Birkwild dort ein dauerhaftes Überleben sichern zu können.

Zu den insektenfressenden Vögeln der Moore sowie anderen Feuchtgebieten und Verlandungszonen gehört das Blaukehlchen, das früher auch als Wassernachtigall bezeichnet wurde. Neben dem arttypischen Gesang enthalten die Strophen der Männchen auch zahlreiche Elemente anderer Vogelstimmen sowie mechanische und unnatürliche »Kulturgeräusche«.

Das große Nest des Kranichs besteht aus Schilf, Röhricht, Binsen und Gräsern.

Der Große Brachvogel, die Löffelente und die Vierflecklibelle sind dankbare Motive.

Obwohl die Löffelente eher ein Bewohner nährstoffreicher, eutropher Gewässer ist, lässt sie sich gelegentlich auch auf den Wasserflächen der Hoch- und Niedermoore beobachten. Ihr im vorderen Bereich löffelartig verbreiterter Schnabel macht sie selbst für ungeübte Naturbeobachter unverwechselbar. Vor allem in flachen Moorgewässern taucht die Löffelente nach Nahrung und zeigt eine Verhaltensweise, die bei Schwimmenten nur selten zu beobachten ist. Der seltene Große Brachvogel dagegen besticht vor allem durch seinen weit tragenden und flötenden Gesang, der zur Zugzeit und während der Rast und Überwinterung in Deutschland vor allem an den Küsten der Nord- und Ostsee zu hören ist.
Ein eher unscheinbarer Vertreter ist die Vierfleck-Libelle, die kurz und knapp auch als Vierfleck bezeichnet wird. Die Großlibelle erreicht Flügelspannweiten bis 8,5 Zentimeter und ernährt sich von Mücken und anderen Fluginsekten.

Ein Blick zurück ins Moor. Das folgende Kapitel führt in die felsigen Höhen der Alpen.

Sommer in den Alpen

Die Alpen sind nicht nur das mit weitem Abstand höchste Gebirge Deutschlands, sie beeindrucken uns auch durch eine ebenso interressante wie einmalige Tier- und Pflanzenwelt. In den luftigen Höhen und auf schroffem Fels, an Gletschern, kristallklaren Bergseen und auf den Almen ober- und unterhalb der Baumgrenze begegnen uns Arten, die sonst nirgendwo in unserem Land zu beobachten sind. Stellvertretend für viele andere Arten seien schon an dieser Stelle der Steinbock und das Edelweiß genannt. Dabei muss man nicht unbedingt schwindelfrei sein, um die Besonderheiten der Bergwelt zu entdecken. Wir laden Sie ein – zu einem virtuellen Spaziergang mit Murmeltier & Co. Genießen Sie ganz einfach die folgenden Seiten ...

Die meisten Mitteleuropäer verbinden mit dem Begriff »Alpen« ganz überwiegend die tatsächlich alpinen Regionen, die, je nach Vegetation, etwa oberhalb der 2000 Meter Höhenlinie und damit jenseits der Baumgrenze beginnen. Wenn nicht gar die nivale Stufe, die weitestgehend durch ewigen Schnee, Eis und Gletscher geprägt werden. Dass auch die darunter liegenden supalpinen und montanen Stufen und selbst das darunter befindliche Hügelland über eine Flora und Fauna verfügen, die ihresgleichen suchen, wird häufig vergessen. Trotzdem möchten wir Sie auch auf den folgenden Seiten ganz überwiegend in die »richtigen Alpen« mitnehmen – jenseits von Baum und Strauch. In das Gebiet der Hochalmen, der alpinen Rasen und Matten. Die meisten Pflanzen dort sind an Trockenheit, Kälte und Wind angepasst. Sinnbildlich dafür steht fraglos das Edelweiß. Doch wächst das »Almsterndl« nicht nur an steilen Felsbändern, sondern auch in den alpentypischen Rasengesellschaften. Der giftige Blaue Eisenhut hingegen wächst in den Alpen und in Mittelgebirgen auf Quellfluren und anderen naturfeuchten Standorten. Überdies hat er sich einen festen Platz als Zierpflanze in zahlreichen Gärten erobert. Gemeinsam mit dem Fingerhut zählt er zu den bekanntesten Gift- oder Offizinalpflanzen der heimischen Flora. Alle Pflanzenteile sind stark giftig. In starker Verdünnung wird der Eisenhut in der Homöopathie jedoch auch zu therapeutischen Zwecken eingesetzt.

Nicht von

ungefähr ziert das

Edelweiß das Logo

des Deutschen

Alpenvereins.

Auch bei den augenscheinlich so friedliebenden Murmeltieren kommt es mitunter zu heftigen Auseinandersetzungen.

Zu den beliebstesten und bekanntesten Tieren der Alpen zählt ohne jeden Zweifel das Murmeltier. Stets erneut erfreuen die »Mankei« Alpenwanderer und Bergsteiger mit ihrem Anblick, mit ihren possierlichen Verhaltensweisen und den weit tragenden, lauten Warnpfiffen. Doch verbirgt sich auch hinter der scheinbar so heilen Bergwelt letztlich ein harter Überlebenskampf. Doch dazu später. Murmeltiere gehören innerhalb der Nagetiere zur Familie der Hörnchen und sind somit auch mit dem Eichhörnchen verwandt. Allerdings werden beide Formen verschiedenen Unterfamilien zugeordnet. Murmeltiere gehören zu den Erdhörnchen und kommen in Europa, Asien und Nordamerika in 14 Arten vor.

Fossile Funde zeigen, dass die großen Nager ihren Ursprung in Nordamerika haben. Über die Beringbrücke breiteten sie sich nach Eurasien aus. Während der pleistozänen Eiszeiten waren Murmeltiere weit verbreitet. Die damaligen Kältesteppen boten ihnen optimalen Lebensraum. So kam auch das Alpenmurmeltier in weiten Teilen des europäischen Tieflandes vor. Seine damalige Verbreitung reichte in verschiedenen Unterarten vermutlich von Südfrankreich bis nach Russland. Interessanterweise fehlte es seinerzeit aber in den europäischen Alpen. Denn die waren dauerhaft von einer dicken Eisschicht bedeckt. Mit dem Ende der Eiszeiten setzte jedoch ein rascher und großflächiger Lebensraumwandel ein. Geeigneter Lebensraum fand sich danach offenbar nur noch in

den alpinen und montanen Regionen der Alpen. Heute lebt das Alpenmurmeltier im europäischen Alpenbogen von den Französischen Seealpen bis in die alpinen Teile Niederösterreichs. Weiterhin leben Murmeltiere in den Karpaten, der Hohen Tatra, den Pyrenäen sowie mit einer kleinen Kolonie im Schwarzwald. In den Grassteppen Osteuropas lebt das Steppenmurmeltier. Die diesbezüglichen Untersuchungen Wiener Wildbiologen zeigen, dass Murmeltiere offenbar mit Wärme nur schlecht zurechtkommen und relativ schnell in Hitzestress fallen. So unterschreiten sie in den Alpen eine Höhenlinie von etwa 800 m ü. NN nur in Ausnahmefällen. Die weitere Verbreitung deutet ebenfalls darauf hin, leben sämtliche Murmeltierarten doch in den gemäßigten und arktischen Breitengraden der Nordhalbkugel. Somit ist das Alpenmurmeltier quasi ein Eiszeitrelikt, dass in seinen derzeitigen »Rückzugsgebieten« der europäischen Alpen ehedem gar nicht vorkam.

Die Jungen der Murmeltiere werden auch als »Affen« bezeichnet.

Der Sommer in den alpinen Regionen ist kurz. Ebenso die Zeit, die den Murmeltieren zum Anfressen der notwendigen Fettreserven zur Verfügung steht.

Das Sozialleben der Murmeltiere wurde erst in jüngerer Vergangenheit genauer erforscht. Demzufolge leben die tagaktiven Nagetiere in Familien oder sogenannten Kolonien, die wiederum bestimmte Lebensraumausschnitte als Reviere oder Territorien besetzen und markieren. Im Mittelpunkt dieser Familienverbände steht ein dominantes Paar erwachsener Murmeltiere. Diese beiden ranghöchsten Tiere markieren auch das Territorium und vertreiben zumindest erwachsene, gruppenfremde und gleichgeschlechtliche Murmeltiere außerordentlich aggressiv. Auch innerhalb der Familiengruppe existieren für Männchen und Weibchen jeweils eigene Rangordnungen. Das territoriale Paar dominiert also über alle gleichgeschlechtlichen Nachkommen und eventuelle Zuwanderer.

Wird dieses Mankei den Winterschlaf überleben?

Im Zentrum des Gruppenlebens stehen selbst gegrabene Baue, die sich schematisiert in drei unterschiedliche Typen untergliedern lassen. Die sogenannten Fluchtbaue bestehen regelmäßig nur aus ein oder zwei Eingängen mit sich anschließenden kurzen Fluchtröhren. Demgegenüber stehen die weit verzweigten Sommer- und Winterbaue. Die Sommerbaue reichen im Normalfall nur bis etwa anderthalb Meter unter den Erdboden und werden zum Schlafen während der Sommernächte sowie an sehr heißen Sommertagen genutzt, um sich der Tageshitze zu entziehen. Besondere Bedeutung kommt dem Winterbau zu. Die Gänge und Schlafkessel reichen mehrere Meter unter die Erde. In den zuvor gut ausgepolsterten Schlafkammern der Winterbaue erfolgt der Winterschlaf, grob gefasst von Oktober bis März – unterbrochen von etwa monatlich erfolgenden Kurzpausen, in denen Exkremente auf den im Bau befindlichen Kotplätzen abgegeben werden.

Die Sterblichkeit der Murmeltiere während des Winterschlafes ist hoch. Besonders bei den Jungtieren, die nur etwa zweieinhalb bis maximal drei Monate Zeit haben, sich die notwendigen Fettreserven anzufressen. Weiterhin ist die Mortalität abhängig von der Gruppengröße, da sich die Tiere gegenseitig wärmen, wobei den männlichen Tieren verschiedener Jahrgänge eine besondere Rolle zufällt. Die geringsten Überlebenschancen haben kleine Schlafgruppen, die sich lediglich aus dem dominanten Paar und einem einzigen, häufig dem ersten Wurf rekrutieren. Es ist also durchaus nicht immer gesund und erstrebenswert, »zu schlafen wie ein Murmeltier«, es könnte die so oft zitierte letzte Ruhe sein …

Die Alpen bieten uns ebenso faszinierende wie einmalige Anblicke.

Murmeltiere unterschreiten nur selten eine Höhenlinie von etwa 800 Metern.

Ungeklärt ist die Herkunft des im deutschen Alpenraum für das Murmeltier verbreiteten Ausdruckes »Mankei«. Da die Jungtiere auch als »Affen« bezeichnet werden, liegt eine Anlehnung an das englische Wort Monkey (Affe) nahe. Andererseits kann das Mankei auch vom »mankeln« kommen, was im bayerischen Dialekt für eine geheime und Verwirrung stiftende Kommunikation steht. Dies vor dem Hintergrund, dass sich Murmeltiere über verschiedene Pfeiftöne miteinander verständigen und gegenseitig warnen.

Ein interessanter Mitbewohner im Lebensraum der Murmeltiere ist der bis 15 Zentimeter lange und schwarze Alpensalamander. Der nahe Verwandte des bekannten Feuersalamanders bewohnt ebenfalls Almen und Matten sowie feuchte Schluchten und Geröllfelder. Seine nördliche Verbreitungsgrenze liegt im Bereich der nördlichen Kalkalpen

Bayerns. Alpensalamander ernähren sich von Insekten, Spinnen, Würmern und anderen Kleintieren. Der Jahreslauf ähnelt jenem der Murmeltiere. Denn auch Alpensalamander trifft man lediglich in der Zeit von März/April bis in den Oktober/November hinein an. Die Wintermonate verbringen sie in einer Kältestarre in unterirdischen Verstecken. Alpen-salamander sind lebendgebährend und bringen im Sommer bis zu zwei voll entwickelte Jungtiere zur Welt. Das bei Amphibien übliche Larvenstadium verbringen die Jungen in der paarigen Gebärmutter der Weibchen. Somit ist der Alpensalamander die einzige Art der Amphibien Mitteleuropas, die zur Fortpflanzung nicht auf Gewässer angewiesen ist. Da auch Alpensalamander zum Selbstschutz giftige Hautsekrete absondern, haben sie kaum natürliche Feinde. So reicht die vergleichsweise sehr geringe Fortpflanzungsrate offenbar aus, um die Populationen der Schwanzlurche stabil zu halten.

Alpensalamander bewohnen feuchte Schluchten, Almen und Matten.

Trollblume, Alpen-Hahnenfuß, Frühlingsenzian und Steinbrech blühen auch oberhalb der Baumgrenze.

Selbst im Sommer halten sich in Teilen der Murmeltierlebensräume, je nach Exposition und Höhenlage, Schnee und Eis. Trotzdem beeindrucken uns die alpinen Bergweiden, Matten und Geröllfelder mit einer bemerkenswert bunten Pflanzenvielfalt, die sich beileibe nicht nur auf »Edelweiß und Enzian« beschränkt.

Leuchtend gelb strahlen die Blüten der Trollblume, die im alpinen Raum vor allem Bergwiesen und Hochstaudenfluren besiedelt. Das »Goldköpfchen« enthält viel Vitamin C und wurde früher als Heilpflanze gegen Skorbut eingesetzt. Weiterhin fand sie in der Volksheilkunde gegen Verdauungsbeschwerden Verwendung. Heute wird die schwach giftige Pflanze in der Medizin nicht mehr genutzt Auf trockenen und mageren Wiesen wächst der blaue Frühlingsenzian. Das »Schusternagerl« ist im Normalfall der erste Enzian, der nach der Schneeschmelze blüht.

Eine ganz besondere und einmalige Geschichte in den europäischen Alpen hat der Alpensteinbock. Gilt er doch als das Symbol einer erfolgreichen Wiederansiedlung von Wildtieren im Alpenraum schlechthin. Bereits im 18. Jahrhundert war der Steinbock in den Alpen bis auf wenige und kleine Restvorkommen verschwunden. Maßgeblichen Anteil an diesem drastischen Rückgang hatte die stetige Weiterentwicklung der Jagdwaffen seit dem 16. Jahrhundert, die den Abschuss der imposanten Hornträger zur Beschaffung von Fleisch, Arzneien und Trophäen immer mehr erleichterte. Im Jahre 1858 wurden die letzten etwa 50 Tiere im italienischen Gran Paradiso-Massiv im Aostatal und Piemont unter Schutz gestellt. Alle heutigen Steinwildvorkommen in den Alpen stammen von dieser Restpopulation ab. 1922 wurde dort der erste italienische Nationalpark eingerichtet.

Einen bedeutenden Anteil an der Fast-Ausrottung hatte die Mystifikation des Steinbocks, die annähernd sämtlichen Köperteilen der Tiere nach entsprechender Verarbeitung eine Heilwirkung gegen diverse Krankheiten und Mangelerscheinungen zuordnete. So zahlten auch damalige Apotheker hohe Preise für erlegte Steinböcke. Als erster Alpenanrainer befasste sich die Schweiz mit einer möglichen Wiederansiedlung des Alpensteinbocks. Trotz aller Bitten und mehrfacher Gesuche weigerte sich der damalige italienische König Viktor Emanuel III. jedoch, Steinböcke aus seinem Alpen-Jagdrevier zu diesem Zwecke zur Verfügung zu stellen. So war es letztlich Jägern und Wilderern vorbehalten, einige der »königlichen« Steinböcke zu fangen und über die Landesgrenze zu schmuggeln. Im St. Gallener Wildpark Peter und Paul begann man mit der Züchtung, die so erfolgreich verlief, dass bereits im Mai 1911 in den Grauen Hörnern im schweizerischen Kanton Graubünden die erste Aussetzung in die freie Wildbahn erfolgen konnte. Heute existieren durch Aussetzungen begründete Vorkommen in Italien, in der Schweiz, in Österreich, Frankreich, Deutschland und Slowenien. Die Gesamtpopulation umfasst mittlerweile über 40.000 Tiere.

Doch brachten durchaus nicht alle Aussetzungen den gewünschten Erfolg. Das Hauptproblem jeder Neuansiedlung war die Bestimmung der maßgebenden Umweltfaktoren. Welche Regionen der Alpen bieten geeignete Steinwildlebensräume? Wo existierten nachweislich Steinwildvorkommen in früherer Zeit? Vielfach wurden diese Fragen offenbar nicht ausreichend beantwortet. Etliche Kolonien blieben bis heute sehr klein, andere verschwanden schon nach relativ kurzer Zeit wieder. Schon 1977 existierten im gesamten Alpenraum 104 Steinbockkolonien, von denen ein Drittel aber weniger als 20 Tiere umfasste. Die Unkenntnis der genauen Lebensraumansprüche begründete letztlich den Misserfolg vieler Einbürgerungsversuche.

Derartige Aufnahmen gehören auch für die erfahrensten Naturfotografen zu den Highlights ihrer Tätigkeit.

Diese jungen Steinböcke messen spielerisch ihre Kräfte. In der winterlichen Brunftzeit bleiben sie chancenlos.

Aus Mangel an reinrassigem Steinwild wurden in der Schweiz schon Ende des 19. Jahrhunderts Wiedereinbürgerungsversuche mit Hausziegen-Steinwild-Bastarden aus den Zuchten europäischer Tierparks unternommen. Sämtliche dieser Versuche schlugen jedoch fehl. Vor allem deshalb, weil die Bastardgeißen ihre Kitze bereits im Februar und März zur Welt brachten, also in einem völlig ungeeigneten Zeitfenster. In Deutschland erfolgte die erste Ansiedlung im Jahr 1927 in den Berchtesgadener Alpen, der 1944 eine weitere folgte. Bei der ersten Aktion wurden im Blühnbachtal, das heute im Gebiet des österreichischen Bundesforstamtes Werfen liegt, nach einem zweijährigen Aufenthalt in einem Eingewöhnungsgatter fünf Böcke, vier Geißen und zwei Kitze freigesetzt. Auch diese Tiere entstammten der Zucht im Tierpark Peter und Paul in St. Gallen. 1936 wurde in der unweit entfernten Röth (1500 m) am Fuße der Teufelshörner unter großem Aufwand ein neues und 15 Hektar großes Eingewöhnungsgatter errichtet, aus dem 1944 acht Böcke und 15 Geißen in die freie Wildbahn entlassen wurden. Schon nach kurzer Zeit fanden beide Gruppen zusammen und bildeten eine Gesamtpopulation, die heute ein Areal vom Kahlersberg im Hagengebirge bis zum Funtenseetauern und Blühnbachtal als Lebensraum nutzt.

Die zweite Ansiedlung erfolgte auf Anordnung des damaligen Reichsjägermeisters Hermann Göring, dem zur Umsetzung seiner Pläne kein Weg zu weit und keine Kosten zu hoch waren.

Die Hörner alter Steinböcke erreichen Längen bis zu einem Meter. Die kleinen Ohren der Tiere gelten als Anpassung an vorübergehend oder dauerhaft kalte Lebensräume.

So wurde zur Errichtung des vier Meter hohen Gatterzauns und zum Transport weiteren Materials eigens eine Seilbahn errichtet, die von Fischunkel bis hinauf in die Röth führte. Die Tiere stammten erneut aus St. Gallen sowie aus den Tierparks Berlin und München. Hinzu kamen zwei Steinböcke aus dem italienischen Aostatal als Geschenk Mussolinis. Sämtliches Steinwild wurde mit der Bahn nach Berchtesgaden gebracht. In den Transportkisten folgte eine Bootsfahrt über den Königssee. Zum Obersee mussten sie getragen werden, um schließlich per Seilbahn das Gatter zu erreichen. Ein unvorstellbarer Aufwand!

»Par ordre du mufti« ging man seinerzeit davon aus, dass das Steinwild schon in früherer Zeit in den Berchtesgadener Alpen heimisch war, was sich später als Irrtum erweisen sollte. Vor allem durch klimatische Einflüsse bedingt, blieb die Kolonie bis heute relativ klein. Im Jahr 1968 wurde der bisherige Höchstbestand mit 86 Tieren registriert, der seither nicht wieder erreicht wurde. Weitere kleine Kolonien leben in Deutschland unter anderem im Inntal (Karwendel) sowie in der Benediktendwand im Tölzer Alpenvorland.

Der sich anderenorts einstellende Erfolg, vor allem in Italien und der Schweiz, beruht letztlich auf der Tatsache, dass die dortigen ehemaligen Steinwildlebensräume weitgehend unverändert geblieben sind. Während viele der dort lebenden Populationen schon nach kurzer Zeit zahlenmäßig steil anstiegen, konnte in den Berchtesgadener Alpen auch nach der zweiten Aussetzung kein nennenswerter Anstieg des Bestandes beobachtet werden. Folglich war der Alpensteinbock mit allerhöchster Wahrscheinlichkeit in den deutschen Alpen auch in früherer Zeit nicht heimisch. Heute jedoch erfreuen selbst die kleinen Vorkommen Bergwanderer, Biologen und andere Naturfreunde gleichermaßen.

Besonders jüngere Steinböcke leben gesellig in Rudeln zusammen.

In der zoologischen Systematik gehört der Alpensteinbock zur Gattung der Ziegen. Obwohl er mit jeder Hausziegenrasse kreuzbar ist, lebt die Stammform unserer Hausziegen mit der Bezoarziege (Wildziege) im westlichen Asien von der Türkei bis Afghanistan. Beide Arten sind jedoch sehr nah miteinander verwandt. Alpensteinböcke leben in Rudeln, die sich außerhalb der Wintermonate weitgehend in gleichgeschlechtliche Verbände aufspalten. Während die Geißen mit ihren Jungtieren eigene Rudel bilden, leben die Böcke ihrerseits gesellig zusammen. Ältere und sehr alte Böcke leben häufig als Einzelgänger oder in kleinen Gruppen. Die Brunft fällt überwiegend in den Dezember und Januar. Die Böcke ziehen jetzt in die Weibchengruppen. Beim Kampf um die Vorherrschaft im Geißenrudel kommt es zwischen den älteren Böcken immer wieder zu heftigen Kämpfen. Die weiblichen Tiere werden regelmäßig erst im dritten Lebensjahr geschlechtsreif und bringen nach einer Tragzeit von etwa 150 bis 180 Tagen ihre Kitze zur Welt. Dabei kommen auch in freier Wildbahn Zwillingsgeburten vor. Die Böcke werden nur in seltenen Ausnahmefällen älter als 15 Jahre. Die Geißen dagegen erreichen ein Höchstalter von etwa 20 Jahren.

Zu ihren legendären und atemberaubenden Kletterpartien und Sprüngen auf- und abwärts befähigt die Steinböcke neben anderen Anpassungen vor allem die besondere Form der Hufe oder Schalen. Wie alle Paarhufer gehen auch Steinböcke auf den Spitzen der 3. und 4. Zehen. Beide Hufzehen sind einerseits extrem spreizbar, andererseits wird die Spitze und der schmale Rand der Schalen durch sehr harte und etwas überstehende Hornschichten gebildet. Weiterhin sind die Ballen relativ weich und fast gummiartig. Diese morphologischen Anpassungen ermöglichen es den Tieren, selbst auf schmalsten Graten und auf glattem Felsboden noch Halt zu finden. So wird das Steinwild regelmäßig in Felswänden erstaunlich schnell und geschickt kletternd beobachtet, die unsererseits selbst von Extremkletterern und Freeclimbern nur unter großen Mühen und Gefahren durchstiegen werden können. Im Winter bevorzugen die Rudel wärmere, südexponierte und möglichst schneearme Hänge. Ein Mangel an geeigneten Wintereinständen gilt als Hauptgrund für den Misserfolg zahlreicher Einbürgerungsversuche.

Das natürliche Prinzip des Fressen-und-gefressen-Werdens gilt auch in den alpinen Hochlagen. Während die Murmeltiere versuchen, sich die überlebensnotwendigen Fettreserven für den Winterschlaf anzufressen, sucht der Steinadler nach Beute für sich und seine Nestlinge.
In der Zone zwischen der Baumgrenze und ewigem Eis und Schnee gilt der Steinadler als einziger nennenswerter Feind der Murmeltiere. Weiterhin zum Nahrungsspektrum des Steinadlers in den Alpen zählen neben anderen Beutetieren die Kitze von Gams- und Steinwild, der Schneehase sowie Schnee- und Birkhühner und Aas.

Wie alle Nagetiere können auch Murmeltiere

mit ihren Händen greifen.

Den aufmerksamen Blicken

des Steinadlers entgeht

kaum etwas. Trotzdem sind

auch seine Beuteflüge nicht

immer von Erfolg gekrönt.

Sonne über Feldern, Wiesen und Wassern

Mit der fortschreitenden Intensivierung der Landwirtschaft ging ein deutlicher Artenschwund in der offenen Kulturlandschaft einher. In die gänzlich monotonen Agrarsteppen lohnt es deshalb kaum noch, überhaupt einen Blick zu werfen.

Dort aber, wo noch ein gewisses Maß an Strukturen wie Hecken und Feldgehölze, Weg- und Feldraine sowie Gräben und Bäche erhalten wurden, kommen selbst »verwöhnte« Naturbeobachter nach wie vor auf ihre Kosten. Vor allem im Sommer »summt und brummt« es noch immer in der Feldlandschaft. Und selbst vermeintliche »Allerweltsarten« halten für uns erstaunliche Anblicke und Besonderheiten bereit. Denn auch Reh, Hase & Co haben nichts von ihrem Reiz verloren.

Ohne jeden Zweifel gehört das Rehwild zu den am besten erforschten Wildtieren Deutschlands und Mitteleuropas. Trotzdem geben uns etliche Verhaltensweisen der kleinen Geweihträger nach wie vor Rätsel auf, die wir trotz Satellitentelemetrie und weiterer modernster Methoden bis heute nicht entschlüsseln konnten. Denn vor allem Rehe zeigen in ihren Verhaltensweisen kaum starre Regeln, sondern verwirren uns immer wieder durch eine erstaunliche Flexibilität ihrer Lebensäußerungen. Und da wir sie nicht »interviewen« können, bleibt es spannend … Während das Rehwild im Laufe des Winters im offenen Feld immer wieder größere Gruppen zur Feindvermeidung bildet, lebt es dort im Sommer, seiner Natur entsprechend, als Einzelgänger oder in Mutterfamilien.

Doch fällt auch die Brunft der Rehe in den Hochsommer und erreicht zur Monatswende im Juli/August ihre Hochphase. Im Normalfall fällt die Fortpflanzungszeit in die heißesten Tage des Jahres, die umgangssprachlich als Hundstage bezeichnet werden und im antiken Rom vom 23. Juli bis zum 23. August andauerten. Der Begriff Hundstage geht auf den sommerlichen Aufgang des Sternbildes »Großer Hund« zurück. Bis das komplette Sternbild sichtbar wurde, vergingen etwa 30 Tage in dem genannten Zeitfenster. Durch die Richtungsänderung der Erdachse (Präzession) und die Eigenbewegung des Sternbildes hat sich sein Aufgang bis heute jedoch auf etwa den 30. August verschoben. Trotzdem werden die heißesten Wochen des Jahres traditionell noch immer als Hundstage bezeichnet.

In der hochsommerlichen Brunft zeigen vor allem die Rehböcke ein recht auffälliges Verhalten.

In der Blattzeit herrscht in den Rehwildbeständen im Sinne des Wortes ein munteres Treiben. Denn vor und zwischen den Paarungen werden die weiblichen Rehe von den Böcken »getrieben«. Da die Geißen dabei mitunter die Angewohnheit haben, eine gewisse Zeit lang im Kreis zu laufen, entstehen hier und dort im Laufe der Brunft als kreisrunde Wechsel die sogenannten Hexenringe. Auch sind heftige Auseinandersetzungen zwischen etwa gleichrangigen Böcken in der Brunftzeit nicht selten. Da die geschlechtsreifen weiblichen Rehe in jedem Jahr nur ein einziges Mal für etwa drei bis vier Tage brunftig werden, kommt allsommerlich Bewegung in die Populationen der Rehe. Während man vor wenigen Jahren noch fest davon ausging, dass lediglich die Böcke auf der Suche nach paarungsbereiten Geißen zunächst in ihren Territorien – sofern sie solche besetzen (können) – und später auch darüber hinaus nach paarungsbereiten Geißen suchen, wissen wir heute, dass sich auch die Ricken und Schmalrehe ihrerseits auf den Weg machen und dabei erstaunlich weite Wege zurücklegen können. Der Begriff Blattzeit entstammt der Jägersprache. Die Rehböcke finden die fortpflanzungsbereiten Geißen einerseits durch ihren feinen Geruchssinn, andererseits durch akustische Signale – das sogenannte Fiepen der Geißen. Diese Fieptöne können auf glattrandigen Blättern, zum Beispiel Buchenblättern, bei etwas Übung trefflich nachgeahmt werden. So kann es dem Jäger gelingen, die Rehböcke vor die Büchse zu locken. Doch werden schon seit Jahrzehnten zu diesem Zwecke auch eigens gefertigte »Blatter« aus Holz, Metall oder Kunststoff im Jagdhandel angeboten. Die Tragzeit der Rehe weicht vom Standard der meisten Säugetiere ab. Wie beim Dachs und Steinmarder kommt es auch beim Rehwild zu einer Ei- oder Keimruhe. Denn erst im Dezember nisten sich die Keimbläschen in die Schleimhaut der Gebärmutter ein und es beginnt ein regelrechtes Wachstum der Embryonen. Bis zur Geburt der Kitze im Mai oder Juni umfasst die Gesamttragzeit der Rehe folglich etwa zehn Monate. Damit hat unsere kleinste Schalenwildart die mit Abstand längste Tragzeit aller heimischen Paarhufer.

Alljährlich erfreut uns die frühsommerliche Blütenpracht im Feldrevier, ...

Schon vor dem Beginn des astronomischen Sommers zur Sommersonnenwende auf der Nordhalbkugel empfängt uns in vielen Feldrevieren die bunte Blütenpracht zahlreicher Wildpflanzen. Vor allem die Programme zur Flächenstilllegung und der Vertragsnaturschutz haben dafür gesorgt, dass außer Wiesen und Weiden, Getreide, Raps und Mais auch etliche Wildkräuter und -blumen ihren angestammten Platz in der Agrarlandschaft behaupten konnten. Hinzu kommen die durch jägerische Aktivitäten angelegten Äsungsflächen und Wildäcker. In seinem satten Rot beeindruckt uns alljährlich im Frühsommer vor allem der Klatschmohn. Während hier und dort zigtausende Blüten nebeneinander leuchten, wächst die »Mohnblume« anderenorts nur vereinzelt oder in kleinen Gruppen. Durch Herbizideinsätze ist selbst diese Allerweltspflanze in einigen Regionen bereits selten geworden. Zwar ist der Klatschmohn mit dem Schlafmohn recht nah verwandt, auch führt der Klatschmohn einen alkaloidhaltigen, weißen Milchsaft, doch fehlen ihm als Inhaltsstoffe die Morphine und andere Alkaloide. Zur Herstellung von Schmerzmitteln oder Drogen ist er folglich nicht geeignet. Zwar findet auch der Klatschmohn in der Volksheilkunde Verwendung, doch ist seine Wirkung selbst unter überzeugten Homöopathen sehr umstritten. Auch eignet er sich nicht zum Binden eines Feldblumenstraußes, da die roten Blütenblätter bereits nach kürzester Zeit abfallen. Besonders unter Kindern ist die Enttäuschung darüber immer wieder sehr groß.

Hellblau dagegen sind die Blüten der Kornblume. Auch sie wurde als Ackerunkraut bekämpft und war durch starken Herbizideinsatz und Überdüngung vielerorts verschwunden. Heute jedoch ist die »Zyane« wieder häufiger zu finden. Wie der Klatschmohn war auch die

... und es lohnt sich, links und rechts des Weges genauer hinzuschauen.

Kornblume in Mitteleuropa nicht heimisch. Sie stammt aus dem Mittelmeerraum und ist mit anderem Saatgut auch nach Deutschland gelangt. Die ob ihres relativ hohen Zuckergehaltes auch unter Imkern geschätzte Pflanze begleitet den ackerbautreibenden Menschen nun seit Jahrtausenden. Als »preußische Blume« hatte sie ehedem auch eine politische Bedeutung und war im Wappen oder Logo etlicher, mitunter sehr fragwürdiger und berechtigt umstrittener Verbände und Organisationen zu finden.

Ebenfalls blau blüht die Phacelia, die auch als Bienenweide oder Büschelschön bezeichnet wird. Ihre Heimat liegt auf dem amerikanischen Kontinent. Zwar kann sie heute auch in Europa hier und dort als »Wildwuchs« angetroffen werden. Ganz überwiegend jedoch wird sie in verschiedenen Sorten in landwirtschaftlichen Reinkulturen angebaut. Einerseits als sehr ertragreiche Bienenweide, andererseits als Gründünger oder Zwischenfrucht zur Bodenverbesserung. Durch das dichte Wurzelsystem der nicht winterharten Pflanze verbleiben große Mengen organischen Materials im Erdreich und erhöhen so die die Ertragsfähigkeit der jeweiligen Ackerböden. Neben den Bienen bieten der Pollen und Nektar des Büschelschöns auch vielen anderen Insekten wie Hummeln, Schwebfliegen und Schmetterlingen gute Nahrung.

Fuchs, Hase und

Ringeltaube

gehören zum

festen Inventar

landwirtschaftlich

genutzter Flächen.

Doch bewohnen

die drei auch

Waldlebensräume.

Zu den klassischen Kulturfolgern gehören heute zweifelsohne der Rotfuchs, die Ringeltaube und der Feldhase. Auch, wenn für Letzteren die »Kulturschraube« in zahlreichen Regionen unseres Landes mittlerweile überdreht wurde und seine Populationen weiter absinken oder auf relativ niedrigem Niveau stagnieren. Meister Lampe deshalb aber gleich auf die Rote Liste zu setzen – wie von einigen Naturschutzverbänden gefordert – wird den Tatsachen nicht gerecht und ist in keinster Weise notwendig.

Als ursprüngliche Steppenbewohner fanden die Langohren auch in der kleinparzellierten Dreifelderwirtschaft in Mitteleuropa Lebensräume vor, die jenseits des natürlichen Optimums lagen und natürlicherweise gar nicht vorkommen. Die ehedem registrierten, und aus heutiger Perspektive unvorstellbar hohen Feldhasenvorkommen waren also primär eine Folge der damaligen Landwirtschaft. Hinzu kommt, dass die Mümmelmänner früher auch in Deutschland weitgehend beutegreiferfreie Lebensräume vorfanden. Nichtsdestotrotz werden selbst in einigen intensiv landwirtschaftlich genutzten Gebieten noch immer höhere Hasendichten registriert, als in seinen natürlichen Steppenlebensräumen. Die überforschen »Schutzverbände« argumentieren in derartigen Diskussionen also nicht seriös und »unter Vorspiegelung falscher Tatsachen«. So werden sich Fuchs und Hase auch im Feld weiterhin »Gute Nacht sagen«.

Angesichts der ausufernden Fuchsvorkommen sowie jener anderer Beutegreifer könnte diese Nacht für andere, tatsächlich bedrohte Arten jedoch im ewigen Dunkel enden.

Bei der Ringeltaube besteht diese Gefahr ganz sicher nicht. Mutiert der einstmals »scheue Waldvogel« mittlerweile doch zum Tausendsassa der mitteleuropäischen Kulturlandschaft. Längst besiedelt die Ringeltaube neben Wald und Feld auch sämtliche Großstädte und Dörfer. Die alte »Weisheit«, dass man eine Haustaube niemals im Wald, und eine Ringeltaube niemals auf einem Haus beobachten könne, stimmt also schon lange nicht mehr. Darüber hinaus nehmen die Taubenschäden in der Landwirtschaft, vor allem im Gemüseanbau, erhebliche finanzielle Dimensionen an.

Der Frühsommer und Sommer ist für die meisten Wildtiere stets auch die Zeit der Jungenaufzucht und -führung. Die Blaumeise zählt zu den Höhlenbrütern. Im Unterschied zu vielen anderen Vertretern dieser Gruppe bauen die Meisen ein kunstvoll und »fein gestricktes« Nest aus Gräsern, Moosen und Tierhaaren. Da die durchschnittliche Gelegegröße etwa zwischen sechs bis zwölf Eier umfasst, sind die kleinen Singvögel fast ganztägig damit beschäftigt, die hungrigen Mäuler ihrer Nestlinge zu stopfen.
Der junge Steinmarder hingegen scheint aus dem Gröbsten raus zu sein. Meistens im April geboren, werden die Jungmarder schon im Spätsommer selbstständig. Steinmarder sind genau genommen unsere Nachbarn. Die »Weißkehlchen« bewohnen seit Jahrzehnten in großer Zahl Feldscheunen, Dörfer und Städte und machen sich vor allem als sogenannte »Automarder« durch die Bissschäden an Kühlschläuchen und anderen Leitungen unbeliebt.

Streuobstwiesen, Ruderalflächen und extensiv bewirtschaftetes, strukturreiches Grünland bieten dem Steinkauz geeignete Lebensräume.

Die landwirtschaftlich genutzte Feldlandschaft wurde durch den Menschen in Jahrtausenden geformt und immer wieder verändert. Der ständig wachsende Fortschritt hinsichtlich der Züchtung von Nutztieren und -pflanzen sowie der Anbaumethoden, der eingesetzten Maschinen und des Pflanzenschutzes trugen entscheidend dazu bei. In keiner anderen Zeit aber, abgesehen von der damaligen Waldrodung und einigen Kriegen samt ihren Nachwehen, waren die Umstellungen und Veränderungen auf großer Fläche so einschneidend wie in den zurückliegenden zwei Jahrzehnten. Allein der moderne und großflächige Anbau »nachwachsender Ressourcen« zur Energiegewinnung und neue Erntetechniken mit riesigen Maschinen sorgten vielerorts für Monotonie und Tristesse statt für Arten- und Strukturvielfalt.

So wird das »Ökosystem Feld« alljährlich und in kürzester Zeit schwerwiegenden Veränderungen unterworfen, mit denen nur relativ wenige Wildtiere Schritt halten können. Und längst unterscheidet die Wissenschaft zwischen typischen »Gewinnern« und »Verlierern« in der Kulturlandschaft. Zu den Profiteuren zählen ökologisch wenig spezialisierte und robuste Arten, die sich in kurzer Zeit auf veränderte Lebensraumbedingungen und Nahrungsangebote einstellen können. Fuchs und Reh gehören ohne jeden Zweifel dazu. Auch, wenn sich die Mehrheit der sommerlichen Feldrehe im Spätherbst und Winter in mehr oder minder große Waldlebensräume zurückzieht. Diesbezügliche wildbiologische Untersuchungen in Polen zeigten, dass in Gebieten mit einem ausreichend hohen Waldanteil nur etwa zehn Prozent der Rehwildbestände dauerhaft im Feld leben. Neun von zehn Rehen leben also im Wald, gehen in den Wald oder kommen aus dem Wald. Reine Feldrehpopulationen bilden demnach auch in Deutschland nach wie vor seltene Ausnahmen. Doch auch für viele andere Arten, die in der Feldflur ehedem häufig waren oder zumindest in stabilen Vorkommen existierten, bietet eine weitgehend ausgeräumte und industriell bewirtschaftete Agrarsteppe längst keinen Ganzjahreslebensraum mehr. Während jedoch das Rehwild, dem eine hohe ökologische Toleranz eigen ist, einfach in Wald-

lebensräume im weitesten Sinne ausweichen kann, besteht diese Möglichkeit für andere, mehr oder weniger spezialisierte Arten nicht. Sie mussten und müssen weichen. So sind zum Beispiel Spezies wie Steinschmätzer, Raubwürger und sogar das Rebhuhn mittlerweile selten oder regional aus der Feldflur komplett verschwunden. Zu den typischen Gewinnern des Landschaftswandels in intensiv agrarisch genutzten Gebieten dagegen gehören zahlreiche opportunistische Beutegreifer. Zu ihnen zählen neben dem Fuchs zum Beispiel die Aaskrähe sowie weitere Rabenvögel. Durch ihre kaum messbar geringe Spezialisierung auf bestimmte pflanzliche oder tierische Nahrungskomponenten nehmen sie, was sie ohne großen Energieaufwand kriegen können. Abgesehen vom Anteil pflanzlicher Nahrung haben beispielsweise Aaskrähen und Elstern – wie alle opportunistischen Beutegreifer – die Wahl zwischen größeren (aber meist seltenen) und kleineren (aber sehr zahlreichen) Nahrungsorganismen wie zum Beispiel Insekten. Ihre Verfügbarkeit ist jedoch erheblichen Schwankungen unterworfen.

Leider schließen vor allem ideologisch geprägte Naturschützer von geringen Anteilen einer Beutetierart am Gesamtnahrungsspektrum immer wieder vorschnell auch auf ebenso geringe Auswirkungen für die betroffene Art. Es wird dabei übersehen, dass der jeweilige Anteil einer Spezies am Beutespektrum keinesfalls dem an der Beutetierpopulation entspricht. Während also selbst ein hoher Zugriff für häufige und kleinere Arten mit hohem Reproduktionspotenzial unproblematisch ist, kann ein noch so geringer Anteil am Gesamtnahrungsspektrum für sehr seltene Arten verheerende Auswirkungen oder gar finale Folgen haben. Neben den bedeutenden Lebensraumveränderungen ist somit der Druck durch opportunistische Beutegreifer in mitteleuropäischer Kulturlandschaft längst zu einem begrenzenden Faktor zahlreicher Wildtierarten und damit der Artenvielfalt schlechthin geworden. Es ist folglich dringend notwendig, auch auf politischer Ebene intensiv über einen Paradigmenwechsel hinsichtlich der Wechselwirkungen zwischen Jagd und Naturschutz nachzudenken. Doch lassen Sie uns nach diesen etwas düsteren Prognosen nun wieder gemeinsam und optimistisch auf die folgenden Seiten und Kapitel freuen!

Um in intensiv genutzten Agrarsteppen überleben zu können, ist eine hohe ökologische Toleranz notwendig. Fuchs und Rehwild ist sie gegeben.

Neben dem Wald gehören auch Grünland und andere landwirtschaftliche Kulturen zum Sommerlebensraum des Damwildes. Im Unterschied zu Rehen und Rothirschen tragen beim Damwild auch die erwachsenen Tiere weiße Punkte im Sommerhaar. Erst im August und September ist das Geweih der Hirsche fertig entwickelt und wird vom Bast befreit. Seit Mitte der 90er-Jahre zeigen die Damwildvorkommen in Deutschland eine steil ansteigende Tendenz.

Die zahlenmäßig größten Damwildbestände leben zur Zeit in Brandenburg, Niedersachsen, Mecklenburg-Vorpommern und Schleswig-Holstein. Doch nicht nur dort gilt es, den regional sehr hohen Wilddichten mit jagdlichen Mitteln nachhaltig Grenzen zu setzen. Durch seine relative Anspruchslosigkeit wird das Damwild hier und dort auch in landwirtschaftlicher Haltung gezüchtet.

Wasser zieht auch
uns Menschen magisch
an. Doch sind derarti-
ge Flussläufe vor
allem Lebensadern
der Kulturlandschaft.

Wo Wasser ist, ist Leben! An dieser banalen Erkenntnis hat sich bis heute nichts geändert. Wie könnte es anders sein? So bilden auch Baggerseen und Teiche, Flüsse und Bäche sowie andere Groß- oder Kleingewässer in der Feldflur ebenso beliebte wie teilweise überlebensnotwendige Anlaufpunkte für zahlreiche Wildtierarten. Sei es zur Brut und Jungenaufzucht, zur Kühlung, zur Körperpflege oder zur Wasser- und Nahrungsaufnahme. Unterschiedlichste Spezies aus den verschiedensten Familien und Gattungen, egal ob behaart oder befiedert, geben sich dort ein munteres Stelldichein.

Doch stehen auch für uns Menschen in erster Linie größere Baggerseen und ehemalige Kiesgruben im Mittelpunkt der sommerlichen Freizeitaktivitäten. Badespaß und Grillabende sowie Angler und Kanuten fordern ihren Tribut und tragen wesentlich zur Beunruhigung bei. Regelmäßig werden deshalb größere Schutz- und Ruhezonen vom Freizeitverkehr ausgegrenzt.

Naturgemäß werden derartige Seen und Teiche vor allem von Enten- und anderen Wasservögeln als mögliche Brut- oder Nahrungsgewässer genutzt. Höckerschwäne gehen bei der Verteidigung ihrer Ressourcen und Jungvögel mitunter außerordentlich aggressiv vor.

Echte Hingucker bieten uns im Offenland viele unterschiedliche Vertreter der Vogelwelt. Darunter finden sich auch Arten, die nur temporär in der Feldflur unterwegs sind. So wird der Graureiher zwar eher an Gewässern vermutet, doch ist er wie der Weißstorch auch regelmäßig im Grünland und auf Stoppelfeldern beim Fangen von Mäusen, Insekten und anderen Kleintieren zu beobachten. Gleiches gilt für die Stockente. Nach dem Flüggewerden der Jungenten nehmen die Breitschnäbel auch unterschiedliche Kulturen der Ackerflur an. Aufgenommen werden dort Getreidekörner, Sämereien, Eicheln und andere Früchte.

Die Bekassine dagegen ist auf Feuchwiesen und nasse Senken angewiesen. Sie zählt deshalb zu den Raritäten in der weitgehend trockengelegten Agrarlandschaft und besiedelt vornehmlich die verbliebenen Rückzugsinseln in Mooren, Bruchwäldern und Sümpfen. Ein schneller und äußerst wendiger Jäger ist der Sperber. Obwohl er relativ deckungsreiches Gelände und Wälder bevorzugt, ist er zunehmend häufiger auch im Offenland sowie in Städten und Dörfern anzutreffen. Er jagt überwiegend Kleinvögel und nutzt beim Beuteflug Hecken und Waldränder oder Feldgehölze als Deckung. Im Herbst und Winter tauchen jagende Sperber gelegentlich auch an den scheinbar so friedlichen Vogelfutterhäuschen auf. Menschliche Siedlungen und Gärten bieten ihm als Überraschungsjäger gute Möglichkeiten für einen gedeckten Anflug seiner Beute.

Befiederte »Schönheiten«. Von links: Bekassine und Weißstorch, Sperber, Stockente und Graureiher.

Während andere Wildtiere an heißen Sommertagen Teiche und Seen in ruhigen Landschaftsteilen zur Kühlung und Wasseraufnahme nutzen, ist dieser Rote Milan auf Beutezug. Hinsichtlich seiner Beutetiere und Fangstrategien ist der Milan außerordentlich flexibel. Neben Kleinsäugern, Reptilien, Amphibien, Würmern, Insekten, Vögeln und Aas zählen in wasserreichen Gebieten auch Fische zu seinem Nahrungsspektrum, die er in Seeadlermanier kurz unter der Wasseroberfläche greift und davonträgt. Auch wäre der Rote Milan durchaus als deutscher Wappenvogel geeignet. Brüten doch gut 50 Prozent des Weltbestandes dieser Art in Deutschland. Die Brutvorkommen beschränken sich weitestgehend auf Europa und wenige Teile Nordafrikas. Die volkstümlich auch als »Gabelweihen« bezeichneten Greife sind in Nord- und Mitteleuropa mehrheitlich Zugvögel, die im September und Oktober ihre Brutgebiete in Richtung Südwesten verlassen. Sie wandern bis nach Südeuropa, vor allem nach Spanien, in den nördlichen Mittelmeerraum und nach Nordafrika. Ein kleiner Teil überwintert im Nahen Osten. Im Februar und März kehren sie in ihre Brutgebiete zurück und kündigen dort für aufmerksame Beobachter alljährlich den nahenden Frühling an. Bei einem entsprechend günstigen Nahrungsangebot, zum Beispiel in der Nähe von Müllkippen, überwintern jedoch auch etliche Vögel im Brutgebiet.

Etwas häufiger wird in den zurückliegenden Jahren auch die ehedem seltene Schellente zur Brut- und Aufzuchtzeit auf an Wald angrenzenden Teichen und Seen sowie Fließgewässern beobachtet. Die Erpel tragen im Prachtkleid ein auffallend schwarz-weißes Gefieder. Den dunkelgrün schillernden Kopf ziert ein großer weißer Fleck zwischen dem Schnabel und dem intensiv gelb gefärbten Auge. Die Weibchen (im Bild) erscheinen unscheinbar grau mit einem dunkelbraunen Kopfgefieder. Die Iris ihrer Augen ist fast weiß. Die sehr ausdauernd und tief tauchende Schellente ist Höhlenbrüter und nutzt Baum- und Schwarzspechthöhlen sowie Nistkästen. Ihre Bruthöhlen liegen teilweise in beachtlichen Höhen. Die Sprünge der Jungenten hinab zur auf dem Wasser oder am Boden lockenden Mutter bieten ein selten zu beobachtendes Schauspiel. Immerhin überwinden die Gössel dabei Höhen von bis zu zehn Metern – ohne Fallschirm …

Erwachsenen Schellenten kann der Rote Milan kaum gefährlich werden.

Herbstliche Hirschbrunft

Wenn die Sommerluft endgültig verflogen ist, wenn die Laubwälder sich allmählich in ihr gelbes oder rotes Herbstkleid hüllen und sich der Tau in den Spinnennetzen spiegelt, beginnt die hohe Zeit der Rothirsche. Zu Beginn der Brunft melden sich die Geweihträger erst zögerlich und vereinzelt. In der Hochbrunft jedoch scheint ihr weithin hörbares Röhren kein Ende nehmen zu wollen. Die Brunft des Rotwildes schafft eine einzigartige, fast greifbare Atmosphäre. Und wer sie einmal in freier Wildbahn miterlebt hat, den lässt sie nicht mehr los – ein Leben lang. Es ist kaum möglich, sich ihrem Bann zu entziehen. Und Jahr für Jahr ist die Hirschbrunft nicht allein für Jäger, sondern für sämtliche Naturfreunde und Besucher in den Rotwildgebieten unseres Landes das Ereignis schlechthin. Möge es uns gelingen, liebe Leserinnen und Leser, Ihnen diese Atmosphäre auf den folgenden Seiten etwas näher zu bringen.

Wer ist hier der Chef im Ring?

Obwohl der Rothirsch heute – in Unkenntnis seiner ursprünglichen Lebensräume – als »König der Wälder« bezeichnet wird, beschränkt sich das Rotwild auch zur Brunft beileibe nicht auf den Wald allein. Überall dort, wo es die notwendige Ruhe und Sicherheit findet, zieht es die ursprünglichen Steppen- und Waldsteppenbewohner hinaus in die offene Landschaft. Vor allem in Gebieten, in denen es nicht oder im Rahmen eines klugen Jagdmanagements bejagt wird, erscheint es uns dort auch am Tage erstaunlich vetraut und setzt seine Fluchtdistanz deutlich herab. So finden sich Brunftplätze nicht nur im Wald, sondern auch in ausgedehnten Heideflächen, im Grünland, Röhricht und Schilf des Flachlandes, auf Almen und Matten bis hin zu den Dünen der Ostsee. Bei genauem Hinsehen entpuppen sich diese Brunftplätze regelmäßig als beliebte und sichere Äsungsplätze der sogenannten Kahlwildrudel.
Außerhalb der Brunftzeit, die in Deutschland, je nach geografischer Lage und Höhe, ganz überwiegend im September und Oktober stattfindet, lebt das Rotwild in der Regel nach Geschlechtern getrennt. Den Hirschrudeln, ihr Name ist Programm, stehen die Kahlwildrudel gegenüber. In Letzteren leben die erwachsenen weiblichen Tiere (Alttiere) mit ihrem Nachwuchs aus einem oder zwei Jahren (Schmaltiere und Kälber) sowie mit einigen wenigen jungen Hirschen zusammen, die noch immer die Führung der Mutter suchen. Je nach »wirtschaftlich zulässiger« Wilddichte und Lebensraum können diese Rudel drei, fünf, 50 oder weit mehr als 100 Tiere umfassen. Mit nahender Brunft lösen sich die Hirschrudel allmählich auf und die Hirsche ziehen zu den Kahlwildrudeln.

Dieser »Recke« hat sich unzweifelhaft als Platzhirsch etabliert.

Noch immer haben die Bilder des Platzhirsches in unzähligen deutschen Wohnungen und Jagdhütten einen Stammplatz. Viele seiner angestammten Plätze in freier Wildbahn hat das Rotwild jedoch verloren. Denn seit Jahrhunderten bewegt das Rotwild auch die Politik des Menschen. Ein Blick zurück auf das Auf und Ab im Zusammenleben von Mensch und Rotwild in einer zunehmend enger werdenden Kulturlandschaft: Wie Höhlenmalereien und Knochenfunde belegen, wurde das Rotwild spätestens in der Steinzeit für den Menschen zu einer wichtigen Jagdbeute. Und wie italienische Forscher der Universität Camerino per DNA-Analyse entschlüsselten, stand das Rotwild auch auf Ötzis Speisekarte. Vor seinem Tod am Hauslabjoch in Südtirol hatte der Gletschermann bei seinen letzten Mahlzeiten Rotwild, Steinwild und Getreide gegessen. Weiterhin vermuten die italienischen Anthropologen, dass Ötzi möglicherweise von rivalisierenden Großwildjägern umgebracht wurde. Wundern würde das nicht. Denn auch, wenn es in der Steinzeit um reine Nahrungskonkurrenz gegangen sein dürfte, spielten sich wesentlich später in der Geschichte der Menschheit durchaus vergleichbare Szenarien ab. Doch dazu später. Erst als der Mensch feste Siedlungen begründete und begann, Ackerbau und Viehzucht zu betreiben, erlangte die Jagd über die Nahrungs- und Materialbeschaffung hinaus eine weitere, teilweise bis heute entscheidende Bedeutung: die Eindämmung von Wildschäden. Einerseits musste das Vieh vor dem Zugriff der Beutegreifer geschützt werden, andererseits galt es, Fraßschäden – vor allem durch große Wildwiederkäuer – auf den Feldern zu minimieren. Dies traf auch auf das damals noch fast flächendeckend verbreitete Rotwild zu. Ausgerechnet in diese Zeit aber fiel eine weitere schwerwiegende Änderung des damaligen Lebens. Der Hochadel begann mit der Einrichtung der sogenannten Bannforsten. Er sicherte sich darin sämtliche Eigentums- und Nutzungsrechte – die Jagd wurde zum Privileg, die Jagd auf Rotwild zur »Krone des Weidwerks«. Zum Ende des Mittelalters mit der beginnenden Renaissance war dann auch die Zeit der örtlichen und regionalen Landesfürsten für die Rotwildjagd gekommen. Als selbst ernannte »Eigentümer des ganzen Landes« in ihrem Einflussbereich beanspruchten sie über die Bannforsten hinaus auch das sogenannte Jagdregal auf ganzer Fläche.

Trotz aller Faszination blickt das Rotwild vieler-

Die Landbevölkerung durfte grundsätzlich nicht oder nur stark eingeschränkt jagen, die immensen Wildschäden – vor allem durch Rotwild verursacht – wurden nicht ersetzt. Mit der Niederschlagung der Bauernaufstände (Bauernkriege) in den Jahren 1525 und 1526 verschlechterte sich die Situation der Landbevölkerung weiter. Zäune mussten abgerissen werden, um dem Wild den Zugang zu den Feldern zu ermöglichen und auf Wilddieberei wurde hier und dort die Todesstrafe verhängt. Die Fürsten setzten alles daran, das »Edelwild« vor dem niederen Volk zu schützen. Auf den Schlössern und Burgen dagegen wurde die Jagd auf Rotwild zum gesellschaftlichen Ereignis. Dazu waren aus heutiger Sicht schier unverstellbar hohe Rotwildbestände notwendig. Die Wildschäden nahmen unerträgliche Dimensionen an. Mit der Säkularisation des Kirchenbesitzes und dem Aufgehen der deutschen Fürstentümer im napoleonischen Zeitalter zu Beginn des 19. Jahrhunderts verloren die Fürsten zwar ihre Souveränität, sie behielten aber trotzdem das alleinige Jagdrecht. Die Überhege des Rotwildes wurde weiter betrieben, die Sorgen und Nöte der Landbevölkerung wurden ignoriert. Erst mit der bürgerlichen Revolution im Jahre 1848 wurde das Jagdregal aufgehoben. Ebenso wie die bis dato geltenden Schonzeiten. Was folgte, war eine ebenso freie wie völlig ungeregelte Jagd, die vom Rückgang bis zur lokalen und regionalen Ausrottung des Rotwildes führte.

orts einer ungewissen Zukunft entgegen.

Die Folgen dieses Einschnitts für das Rotwild sind bis heute spürbar und letztlich auf der aktuellen Verbreitungskarte des Rotwildes in Deutschland teilweise noch ablesbar. Es entstanden große rotwildfreie Gebiete. Über die Jahre und unterschiedliche Versionen des Jagdrechts sowie zwei Weltkriege hinweg hat sich an diesem Zustand bis heute wenig geändert. Zwar folgte im Dritten Reich sowie in der Zeit der deutschen Trennung ein erneuter Aufbau der Rotwildvorkommen. Mit den Wildbeständen stiegen jedoch auch die Schäden erneut an. In den 80er und 90er Jahren wurden die Rotwildbestände vor dem Hintergrund eines neuen Umweltbewusstseins und einer höheren Wertschätzung des Waldes – gefördert durch die neuartigen Waldschäden – erneut und teilweise drastisch reduziert. Damit einher ging ein weiterer Gebietsverlust des Rotwildes. Heute lebt es überwiegend im Wald. Die landwirtschaftlich genutzte Fläche ist ihm durch die Störungsintensität und Jagddruck zumindest tagsüber kaum zugänglich. Darüber hinaus sind gar nicht wenige Rotwildvorkommen durch Lebensraumzerschneidung isoliert und kochen seit Jahrzehnten im »eigenen Saft«. Und wie früher zur Feudalzeit gibt es auch heute wieder einerseits die »Rotwildfreunde« und andererseits Vertreter, die das Rotwild aus land- oder forstwirtschaftlicher Sicht allenfalls als Schädling betrachten. Der Kreis schließt sich …

Trotzdem aber sollten wir aus der Geschichte lernen. Und so langsam tut sich tatsächlich etwas. Selbst Natur- und Umweltschutzverbände, die sich noch vor kurzer Zeit bedingungslos auf die Seite rein forstlich augerichteter Interessenvertreter schlugen, reden mittlerweile vom Rotwild als »Leitart« einer erneuten Lebensraumvernetzung, die auch anderen Wildtierarten wieder bessere, weil größere Korridore und Lebensräume bietet.

Eingebettet ist die Hirschbrunft alljährlich in ein bemerkenswertes Farbenspiel. Abgesehen von der einsetzenden Laubfärbung erfreuen uns Früchte, Heide, Pilze und noch immer in der Blüte stehende Pflanzen mit einem vielfältigen Mosaik. Knallrot strahlen uns zum Beispiel die Früchte der Moosbeere entgegen. Ihre Beeren sind reich an Vitamin C und werden gelegentlich noch immer zu Konfitüre oder Saft verarbeitet. Darüber hinaus werden sie – wenn auch selten – zu Wildgerichten gereicht. Allerdings gilt die Moosbeere in Deutschland als gefährdet und ist folglich relativ selten. Sie ist mit der Heidelbeere verwandt. Sofern die Früchte nicht gepflückt oder von Tieren gefressen werden, überdauern sie bis in den nächsten Frühling an der immergrünen Pflanze. Die Heideblüte fällt in den Spätsommer und Frühherbst. Dabei sind grundsätzlich zwei Arten zu unterscheiden, die nur allzu gern »vermengt« werden. Die auf den meisten Heideflächen bestandsbildende und landschaftsprägende Besenheide (Calluna vulgaris) wird vor allem von Touristen zwar immer wieder als »Erika« (Erica) bezeichnet, sie ist es aber nicht! Trotzdem spielt die Besenheide für den Tourismus, aber auch für die Schafhaltung und Imkerei die Hauptrolle. Dies vor allem in der Lüneburger Heide, wo sich deutschlandweit die größten zusammenhängenden Heideflächen befinden und ihre Blüte alljährlich mit dem »Heideblütenfest« gefeiert wird. Die Besenheide wächst als Zwergstrauch

Wie der Frühling leuchtet auch der Herbst in bunten Farben. Besenheide, Arnika,

Knallrot leuchten die Früchte der Moosbeere.

bevorzugt auf sonnigen, trockenen oder wechselfeuchten Böden und hat sich längst einen festen Platz als Zierpflanze in zahlreichen Gärten erobert. Die eigentliche »Erika« jedoch ist die deutlich seltenere Glockenheide (Erica tetralix), die auch als Sumpfheide oder Moor-Glockenheide bezeichnet wird. Sie gedeiht vor allem in Mooren und Feuchtheiden sowie auf anmoorigen Böden. Auch die gelben Blüten der Arnika sind im Frühherbst hier und dort noch zu finden. Die als Heilpflanze sehr geschätzte Art wächst auf nährstoffarmen Wiesen und Magerrasen sowie vereinzelt in lichten Waldbeständen. Sie gilt in Deutschland als gefährdet und steht auf der Roten Liste. Durch ihre wundheilende und entzündungshemmende Wirkung setzte ihr Rückgang bereits durch den hohen Bedarf der Apotheken im 18. und 19. Jahrhundert ein. Um die wildwüchsigen Pflanzen zu schonen, wurde eine »Arnika-Sorte« gezüchtet, die quasi landwirtschaftlich in Reinkultur angebaut werden kann. Vogelbeere und Fliegenpilz dagegen runden als Allerweltsarten die farbigen Herbstbilder ab.

Vogelbeere (Eberesche) und Fliegenpilz tragen dazu bei.

Stets erneut versetzt die Hirschbrunft zahllose Naturfreunde in große Vorfreude und knisternde Spannung. Doch gibt uns das Verhalten der Rothirsche auch einige Fragen auf. Warum treten die Hirsche zur Brunft in den Hungerstreik? Um sich voll und ganz der Fortpflanzung zu widmen und schließlich völlig erschöpft und abgebrunftet »den Dienst zu quittieren«? Warum lassen sie sich darüber hinaus auf gefährliche, mitunter tödliche Brunftkämpfe ein? Steht diese scheinbare Selbstlosigkeit tatsächlich im Sinne der bis heute so oft zitierten Arterhaltung? Wohl kaum. Denn auch Rothirsche sind letztlich »Opfer« ihrer Hormone und ihrer eigenen Genetik. Ihr Ziel ist es, sich selbst(!) möglichst oft pro Jahr und in möglichst vielen aufeinander folgenden Brunftzeiten fortzupflanzen. Das ist letztlich der »egoistische« und genetisch vorgegebene Hintergrund ihrer Verhaltensweisen. Denn ginge es ihnen allein um die Erhaltung der Art, könnten sie einem anderen, etwa gleichstarken oder vielleicht sogar etwas schwächeren Hirsch ja auch kampflos das Feld und folglich das bis dato behauptete Kahlwildrudel überlassen – doch genau das tun sie eben nicht. Es war die Soziobiologie, die etwa ab den 50er Jahren des 20. Jahrhunderts nach und nach zu diesem Paradigmenwechsel innerhalb der Verhaltensforschung führte. Die dazu erforderliche Beweiskette ist mittlerweile über jeden Zweifel erhaben.

Das Gebaren des Hirsches ist für die weiblichen Tiere eine Randerscheinung …

Während zuvor die Arterhaltung im wissenschaftlichen Focus der Evolution stand, ist es nun die Fähigkeit des einzelnen Individuums, sich möglichst erfolgreich fortzupflanzen. Die Optimierung des eigenen Erfolgs kann dabei zu den unterschiedlichsten Strategien und Verhaltensweisen führen. Damit verbunden sind stets Investitionen, also Kosten und Risiken. Rothirsche setzen dabei in erster Linie auf Körpergröße und -kraft. Das Rotwild folgt damit einer biologischen Regel, der zu Folge größere Männchen bei polygamen Säugetieren Vorteile und den durchschnittlich höchsten Fortpflanzungserfolg haben. Dies erklärt den auffallenden Größen- und Gewichtsunterschied beider Geschlechter.

Bei monogamen Arten gibt es dagegen nur selten auffällige Geschlechtsunterschiede in Merkmalen, die in ähnlicher Weise mit dem Fortpflanzungserfolg verknüpft sind. Doch gilt die Regelmäßigkeit, dass ein stark ausgeprägter Geschlechtsdimorphismus auf eine weitgehend polygame Fortpflanzungsstrategie hindeutet auch für zahlreiche Wildvögel und weitere Arten. Ein gutes Beispiel geben Fasan (polygam) und Rebhuhn (monogam).

… es sei denn,

es geht um ihre

eigenen Interessen.

Wenn also die Hirsche beginnen, Kahlwildrudel für sich zu beanspruchen und zu verteidigen, hängt ihr Erfolg wesentlich von ihrem Alter und ihrer körperlichen Kondition ab. Die Verteidigung des Rudels über einen gewissen Zeitraum ist für den Hirsch dabei mit einem erheblichen Energieaufwand verbunden. Rivalenkämpfe, schreien, rudeln, treiben und die Kopulation mit möglichst vielen Alt- beziehungsweise Schmaltieren bedeuten ein Höchstmaß an körperlicher Anstrengung und Stress. Dabei bleibt kaum Zeit zur Nahrungsaufnahme. Als Folge können sie in kurzer Zeit bis zu 20 Prozent und mehr ihres Körpergewichtes verlieren. Wie aggressiv die Hirsche bereits vor der Brunft untereinander werden können, zeigen Beobachtungen zum Ende der Feistzeit, in der sie sich die zur Brunft notwendigen Energiereserven in Form von Fett anfressen. Das »Scherzen« der Hirsche wird bereits jetzt deutlich ernster und steigert sich bis zum Kampf. Die weitgehend spielerischen Scheinkämpfe weichen aggressiven Auseinandersetzungen. Dabei muss sich der Unterlegene beim Abbruch des Kampfes mitunter bereits ebenso schnell herumwerfen und fliehen, wie im späteren Brunftkampf, um nicht ernsthaft verletzt zu werden. Eine Verhaltensweise, die ebenfalls eher nicht im »Sinne der Arterhaltung« stehen dürfte …

Auch die weiblichen Tiere verfolgen eigene Strategien, um ihre individuelle Fitness zu steigern. Fitness definiert sich hier über eine möglichst effektive Weitergabe der eigenen Gene. Dabei ist zu bedenken, dass nicht allein der direkte Nachwuchs relevant ist. Denn auch die Enkel und Urenkel »transportieren« bekanntlich einen Teil des elterlichen Erbgutes in zukünftige Generationen. So zeigen Bobachtungen am Rotwild, dass starke, dominante Alttiere wesentlich häufiger männliche Kälber setzen, die darüber hinaus auch länger gesäugt werden, als ihre schwächeren Geschlechtsgenossinnen. Die Wahrscheinlichkeit, dass sich aus diesen Hirschkälbern überdurchschnittlich starke Hirsche mit entsprechendem Reproduktionserfolg entwickeln, ist hoch. Dadurch können starke Alttiere ihren eigenen Fortpflanzungserfolg maximieren. Alle wissenschaftlichen Betrachtungen sollten uns jedoch nicht die eigene Freude an der Rotwildbrunft nehmen. In diesem Sinne wünschen wir Ihnen, liebe Leserinnen und Leser, viele spannende und interessante Beobachtungen.

Bei diesem drohenden Junguhu handelt es sich offenbar um einen Nachzügler aus einem Zweitgelege. Denn auch Uhus legen solche Zweit- oder Nachgelege an, wenn die Erstbrut relativ früh zer- oder gestört und deshalb verlassen wurde. Erfreulicherweise zeigen die Vorkommen der Großeule in Deutschland in den zurückliegenden Jahren einen spürbaren Aufwärtstrend.
Ebenso wie der Uhu stehen bestimmte Bäume oder Baumgruppen unter Schutz. Ein großer Teil der Naturdenkmäler in unserem Land und in Europa sind Bäume, die durch ihren besonderen Wuchs, ihr hohes Alter oder auch durch kulturhistorische Ereignisse hervorstechen. So gibt es beispielsweise Tanz-, Thing- oder Gerichtslinden, die zu Naturdenkmälern erklärt wurden. Zwar kam die Rechtssprechung unter besonderen Bäumen in vielen Kulturen vor, bei den Germanen erreichte die Linde jedoch als »Baum der Wahrheit« eine ganz besondere Bedeutung. Doch egal, ob Linde, Eiche oder Buche und ob geschützt oder nicht, auch in Ihrem näheren Umfeld befindet sich ganz sicher ein solches Naturmonument. Machen sie es zu ihrem eigenen Denkmal und nutzen Sie es als Hort der Ruhe und Gedanken. Nicht nur im Herbst …

Derartige Baummonumente laden uns zum Verweilen, zur Rast und Ruhe ein.

Zwar untersteht die Wildkatze in Deutschland nach wie vor dem Jagdrecht, doch genießt sie seit fast 80 Jahren eine ganzjährige Schonzeit. Zu Recht. Galt sie zu Beginn des 20. Jahrhunderts doch in den meisten Bundesländern als ausgestorben. Vor allem in den zurückliegenden etwa 20 Jahren jedoch schickt sich die Wildkatze an, verlorene Areale erfolgreich zurückzuerobern. So kommt sie heute wieder im Harz, im Thüringer Wald, in der Lüneburger Heide, in der Eifel und etlichen anderen Mittelgebirgen oder geschlossenen Waldgebieten vor.

Das Nahrungsspektrum der scheuen Waldbewohner dominieren vor allem Mäuse und andere Kleinsäuger. Ergänzt wird es je nach Lebensraum und Angebot durch Vögel, Reptilien, Amphibien und Insekten. Die Jungtiere werden überwiegend im April geboren und werden bereits im Herbst ihres Geburtsjahres selbstständig. Obwohl es mitunter zu Kreuzungen mit verwilderten Hauskatzen kommt, ist die Europäische Wildkatze nicht die Stammform unserer »Stubentiger«. Die nämlich lebt in Form der Falbkatze auf dem afrikanischen Kontinent.

Die Sinnesorgane der Wildkatze sind allesamt gut ausgeprägt. Ihre Hauptbeute sind Mäuse und andere Kleinsäuger.

Der Sperlingskauz wird nur etwa starengroß. Die kleinen Eulen sind vorwiegend dämmerungs- und tagaktiv.

Die kleinste aller heimischen Eulenarten ist der Sperlingskauz. Der nur etwa starengroße Kauz bewohnt als Höhlen- und Halbhöhlenbrüter vorwiegend naturnahe Nadel- und Mischwälder mit einem hohen Alt- und Totholzanteil und dem zugehörigen Angebot an Bruthöhlen verschiedener Spechtarten. Im Unterschied zu den meisten anderen Eulenarten ist der Sperlingskauz überwiegend dämmerungs- und tagaktiv. Als potenzielles Beutetier weicht er so den nachtaktiven, größeren Eulenarten aus. Er erbeutet vor allem kleinere Singvögel, frisst jedoch auch Kleinsäuger sowie andere Kleintiere.

In Mitteleuropa etabliert sich die kleine Eule bei einem entsprechenden Nahrungsangebot meistens als Standvogel. In Deutschland liegen ihre Verbreitungsschwerpunkte in den Alpen, im Schwarzwald und Bayerischen Wald sowie im Harz, Spessart und Odenwald. Zusehends häufiger besiedelt sie jedoch auch tiefere Lagen abseits des Hoch- und Mittelgebirges. In der Brut- und Winterzeit legen Sperlingskäuze regelmäßig recht umfangreiche Nahrungsdepots an.

Während der Eichelhäher in diesem Fall seinem Namen alle Ehre macht, beginnt das saugende Rotwildkalb mit dem Herbsthaarwechsel.

Die Folgen der auf den einleitenden Abschnitten dieses Kapitels beschriebenen Hirschbrunft sind auf dieser Doppelseite zu sehen. In freier Wildbahn setzen die Alttiere des Rotwildes in aller Regel im Mai oder Juni ein Kalb. Zwillingsgeburten bilden nach wie vor seltene Ausnahmen. Die Jungtiere wiegen bei ihrer Geburt etwa sechs bis zehn Kilogramm und tragen ein braunes Haarkleid mit weißen Flecken. Von sehr seltenen Ausnahmen abgesehen verlieren die Kälber diese Flecken mit dem Herbsthaarwechsel im September/Oktober. Schon in dieser Zeit schwanken die Gewichte der Jungtiere zwischen etwa 35 bis 40 Kilogramm.

Im Unterschied zu den Rehkitzen können wir das Geschlecht der Rotwildkälber auch im Herbst noch nicht unterscheiden. Die enge Verbindung der Kälber zu ihren Muttertieren hat mindestens bis zur nächsten Setzzeit Bestand. Bei weiblichen Kälbern, den späteren Schmaltieren, geht sie weit darüber hinaus. Doch suchen auch einjährige Hirsche noch regelmäßig den Kontakt zu ihrer Mutter.

Mindestens bis zur nächsten Setzzeit hat die enge Bindung der Käl-ber an ihre Mütter Bestand.

Der alljährliche Laubfall dient dem Selbstschutz der Pflanzen und der natürlichen Humusbildung.

Während uns der Spätsommer und Frühherbst durch etliche warme Tage noch immer ein lebhaftes Sommergefühl vermitteln können, läuten der Oktober und vor allem der November bereits den nahenden Winter ein. Mit der Laubfärbung und dem Blattfall beginnt für die betreffenden Bäume und Sträucher eine strategisch wichtige Zeit. Denn letztlich dient sie der Vorbereitung auf den bevorstehenden winterlichen Wassermangel. Bäume und Sträucher verdunsten über die Blattoberfläche Unmengen an Wasser. Und je weiter im Winter der Boden gefriert, umso weiter stockt auch die Wasserversorgung. Im Fall der Fälle würden die Pflanzen langsam austrocknen. In den immergrünen tropischen Regenwäldern ist dies nicht notwendig.

In den gemäßigten Breiten aber setzen im Herbst die über Pflanzenhormone gesteuerten Änderungen im Stoffwechsel ein. Das zur Fotosynthese nun nicht mehr benötigte grüne Chlorophyll wird abgebaut und allmählich von anderen Farbstoffen überlagert. Vor dem Blattabwurf werden überdies viele lebenswichtige Stoffe in die Speichergewebe der Stämme, Zweige und Äste verlagert. Ein weiterer Vorteil entsteht für die Pflanzen dadurch, dass kahle Äste einer möglichen Schneelast besser standhalten.

Kranichzug an der Ostsee

Auf Kraniche ist Verlass! Alljährlich im Herbst überqueren die »Vögel des Glücks« auf ihrem Weg zwischen den Brutrevieren in Skandinavien, dem Baltikum und Nordostdeutschland und ihren Winterquartieren in Frankreich und Spanien unser Land. Mit jenen der Wildgänse sind die Wanderungen der Kraniche die offensichtlichsten Ereignisse im gesamten Zugvogelgeschehen. Doch weckt vor allem der Zug der Kraniche bei uns Menschen starke Emotionen. Freude und Glück, Wehmut und Nachdenklichkeit. Im Herbst bedeuten uns die großen Formationen am Himmel, dass der Jahreskreis sich schließt und der Winter naht. Zu den beliebtesten Rastplätzen gehört die Halbinsel Fischland-Darß-Zingst an der mecklenburg-vorpommerschen Ostseeküste mit ihrer einzigartigen Boddenlandschaft.

Zeitgleich mit dem beginnenden Durchzug und der Rast der Kraniche auf der Halbinsel Fischland-Darß-Zingst erfolgt die Brunft der dortigen Rotwildpopulation. Weite Teile der Halbinsel sowie der dortigen Ostsee und Boddenlandschaft umfasst der Nationalpark Vorpommersche Boddenlandschaft, der überdies Land- und Wasserflächen westlich der Insel Rügen beinhaltet.
Als Bodden werden durch Landzungen von der Ostsee »abgeschnürte« Wasserflächen und Ufer bezeichnet. Die dortigen Flachwasserzonen der Ostsee und Bodden bilden vermutlich den größten Brackwasserlebensraum der Erde. Die größte Insel des Großschutzgebietes ist Hiddensee.

Kraniche, Rotwild, Seeadler und Watvögel prägen die herbstlichen Bilder auf der Halbinsel Fischland-Darß-Zingst.

Insgesamt umfasst der Nationalpark etwa 118 Quadratkilometer Land- und rund 680 Quadratkilometer Wasserfläche der Ostsee und Boddenlandschaft. Vor allem die Darß-Zingster Boddenkette und Ostseeküste bietet jedem Naturbeobachter eine faszinierende Artenvielfalt auf relativ engem Raum. Wo sonst können Kraniche, Rotwild, Seeadler sowie zahlreiche Limikolen und andere Wasservögel quasi »auf einen Blick« beobachtet werden?
Ganz besondere Augenblicke bieten jedoch nach wie vor der Kranichzug und die Rotwildbrunft. Letztere wiederum zumindest teilweise in einem Lebensraum, den zunächst wohl nur die allerwenigsten von uns mit dem »König der Wälder« in Verbindung bringen würden. Dass sich darüber hinaus im Gebiet die größten Kranichrastplätze Mitteleuropas befinden, verdeutlicht die Einzigartigkeit der Halbinsel Fischland-Darß-Zingst einmal mehr. Weitere Informationen finden Sie unter www.nationalpark-vorpommersche-boddenlandschaft.de.

Kranichzug an der Ostsee

Ein Blick auf die vorpommersche Boddenlandschaft vom Pramort in Richtung Rügen. Links oben sind die Kiefernbestände des Waldbocks zu sehen, im Vordergrund die Kleinen Werderinseln. Sie bilden die Kulisse für die Kranichrast und Hirschbrunft gleichermaßen.

Ein Spiegelbild der Ruhe. Doch der Schein trügt. Denn auch im Flug stoßen die Kraniche ihre weithin hörbaren Rufe aus.

Nicht nur für Ornithologen ist der Zug der Kraniche eines der aufregendsten Naturschauspiele. Alljährlich begeben sich über 150.000 Vögel auf eine der größten »Massenwanderungen« in Europa. In einem wenige hundert Kilometer breiten Korridor ziehen die Kraniche über Deutschland hinweg. Durch ihren trompetenartigen und weithin hörbaren Ruf machen die Kraniche am Herbsthimmel auf sich aufmerksam. Auf dem Zug selbst halten die Trupps die typisch keilförmige Flugformation ein. Ebenso aber bilden sie, leicht seitlich versetzt, perlschnurartige Ketten. Beim Einfallen auf die Rastplätze dagegen bilden sich häufig kreisende »Kranich-Wolken« am Himmel. Annähernd chaotische Bilder zeigen sich beim mehr oder minder gut synchronisierten Start einiger hundert oder gar tausender Kraniche.

Einmal in der Luft formieren sich die Vögel aber schon bald zum energiesparenden Formationsflug. Der wesentliche Vorteil ergibt sich aus der leicht versetzten Position zum Artgenossen davor. Dabei kommt es zu aerodynamisch sehr günstigen Strömungsverhältnissen, die den Tieren unter anderem kraftsparende Gleitphasen ermöglichen. Der Vogel an der Spitze der Formation leistet die größte Arbeit und wird regelmäßig im Nachrückverfahren abgelöst. Bei Ermüdung lässt er sich einfach zurückfallen. Wissenschaftliche Arbeiten an anderen Vogelarten zeigten, dass die Pulsfrequenz der Tiere im Formationsflug deutlich niedriger als im Alleinflug ist.

Mit knapp 250 Zentimetern verfügt der Kranich über eine gewaltige Spannweite. Ihre Zughöhen liegen zwischen 50 und 2000 Meter Höhe. Mit einer mittleren Zuggeschwindigkeit von etwa 50 Stundenkilometern können Kraniche mitunter zehn oder mehr Flugstunden pro Tag bewältigen. Die etwa 600 Kilometer lange Strecke von ihren Sammel- oder Rastplätzen auf der Halbinsel Fischland-Darß-Zingst, der Insel Hiddensee oder auf Rügen in Mecklenburg Vorpommern bis zum südschwedischen Västergötland zum Beispiel absolvieren sie im Non-Stop-Flug über die Ostsee. Darüber hinaus wird die Länge der »Tagestouren« vornehmlich vom Wetter und den auf der Route befindlichen, geeigneten Rastplätzen bestimmt.

An den Rast- und Sammelplätzen fallen die Kraniche zur Nahrungsaufnahme oft zu Hunderten oder gar Tausenden auf abgeernteten landwirtschaftlichen Kulturen zur »Nachlese« ein. Die Jungvögel kennzeichnet ihr weitgehend einfarbig graues Gefieder.

Kraniche legen auf ihrem Zug zwischen den Brut- und Überwinterungsplätzen bis zu 3000 Kilometer oder mehr zurück. Um den kräftezehrenden Zugweg bewältigen zu können, benötigen sie ausreichend viele, geeignete Rast- und Ruheplätze. Diese liegen auf ihrer Zugroute aber idealerweise in regelmäßigen Abständen quasi in Reihe. Die ausgewählten Regionen zeichnen sich vor allem durch ein ausreichendes Nahrungsangebot, sichere Schlafplätze und eine weitgehend geringe Störungsfrequenz aus. Das eigentliche Zentrum der Kranichrast bilden letztlich jedoch sichere Schlafplätze, die den Vögeln Schutz vor Beutegreifern bieten. Sie befinden sich in Gewässern mit Flachwasserbereichen, in denen die Kraniche die Nachtstunden im Stehen schlafend oder ruhend verbringen. Tagsüber suchen die Tiere auf nahe gelegenen Flächen in der offenen Kulturlandschaft nach Nahrung.

Auf dem Herbstzug machen Ernterückstände auf Mais-, Weizen- sowie anderen Getreidefeldern und landwirtschaftlichen Kulturen einen Großteil der Nahrung aus. Ergänzt wird der Speiseplan durch Mäuse und andere kleine Wirbeltiere, Insekten, Neusaaten und weitere pflanzliche Komponenten. Bedeutende Rastplätze der Kraniche in Deutschland liegen neben der bereits beschriebenen Boddenlandschaft unter anderem im Rhin-Havelluch im Eberswalder Urstromtal nordwestlich von Berlin, am Helme Stausee nördlich des Naturparks Kyffhäuser in Thüringen sowie in der Diepholzer Moorniederung in Niedersachsen. In den genannten Regionen findet sich eine geeignete Infrastruktur inklusive Beobachtungstürmen oder -hütten und teilweise auch Ablenkfütterungen zur Beobachtung der Kraniche.

Ein aus Sicht des Artenschutzes bedeutsames Faunenelement der Halbinsel Fischland-Darß-Zingst ist der Fischotter. Noch im 19. und frühen 20. Jahrhundert wurde der Fischotter intensiv verfolgt. Er galt als Nahrungskonkurrent und »Schädling«, sein Fell stand bei Kürschnern hoch im Kurs. Seit etlichen Jahrzehnten aber ist der Otter in Deutschland und sämtlichen Anrainerstaaten geschützt. Doch selbst nach Einstellung der Jagd und anderer Nachstellungen gingen die Bestände zunächst weiter zurück. Flussbegradigungen im Rahmen der damaligen Flurbereinigung und Wasserverschmutzung, das Abholzen der Ufervegetation und Fischreusen trugen neben weiteren anthropogenen Einflüssen dazu bei. Für viele der ohnehin spärlich gesäten Restpopulationen kam die Unterschutzstellung gänzlich zu spät. Auch in Deutschland war der »Wassermarder« bis auf sehr kleine Restvorkommen fast flächendeckend ausgestorben. Durch eine verbesserte Gesetzgebung, intensive Schutzmaßnahmen, Managementpläne und Wiedereinbürgerungsprojekte steigen die Bestände seit der Jahrtausendwende jedoch wieder langsam an. Erfreulicherweise wird mittlerweile in fast sämtlichen Bundesländern eine Wiederausbreitung der Otter registriert.

Der Fischotter ist an seine semiaquatische Lebensweise perfekt angepasst und zählt zu den besten und schnellsten Schwimmern und Tauchern sämtlicher Landraubtiere. Seinem Namen folgend, besteht ein Großteil seines Beutespektrums aus Fischen. Weiterhin frisst er Wasservögel, Bisamratten und Nutria, Kleinsäuger, Amphibien und Krebse. Die sowohl tag- als auch nachtaktiven Tiere zählen zur Familie der Marder, bilden dort mit anderen Otterarten weltweit jedoch eine eigene Unterfamilie. Fischotter leben auch am beziehungsweise im Salzwasser, was an der deutschen Ostseeküste aber nur selten zu beobachten ist.

Der vorpommerschen Boddenlandschaft vorgelagert ist die Ostsee – das »Mare Balticum«.

Der Tanz der Kraniche ist zur Balz- und Paarungszeit ebenso wie auf den Rast- und Nahrungsplätzen zu beobachten.

Eine besondere Faszination für uns Menschen versprüht seit jeher der »Tanz der Kraniche«. Dabei ist dieses ebenso eigentümliche wie auffällige Verhalten bei weitem nicht allein zur unmittelbaren Balz- und Paarungszeit zu beobachten. Auch auf dem Zug ist es an sämtlichen Rast- und Nahrungsplätzen immer wieder zu sehen. Der Tanz der Großvögel erfüllt offenbar mehrere Funktionen. Er dient dem Umwerben des Partners und der Einladung zur Paarung. Weiterhin scheint er einfach nur ein Ausdruck von Lebensfreude zu sein. Begleitet von lauten Rufen besteht er aus Kombinationen von hohen Sprüngen, Pirouetten, Knicksen und Verbeugungen.
Kraniche tanzen, sobald sie dazu in Stimmung sind. Das kann im Schneesturm sein, im trüben Herbst oder auch bei strahlendem Frühlingswetter, morgens wie abends. Die Lust am Tanzen ist scheinbar »ansteckend«. Unbeschreibliche Anblicke bieten sich uns, wenn es hunderte oder gar tausende Vögel gleichzeitig trifft – dann wogt das »graue Kranichmeer« wie im Sturm.

Regelmäßig wird das Balzgeschehen der Kraniche durch Tänze eingeleitet. Dabei springen beide Partner unvermittelt hoch und verneigen sich spielerisch, laufen mit ausgebreiteten Schwingen umher, drehen sich im Kreis und schmettern ihren trompetenartigen Ruf in die Landschaft. Doch dienen diese Tänze nicht ausschließlich der Balzzeremonie. Weiterhin sind sie Ausdruck allgemeiner und sexueller Erregung und deshalb besonders häufig in der Paarungszeit zu beobachten. Vor allem nachmittags widmen sich die Kraniche der Gefiederpflege. Dabei fetten die Vögel ihr Gefieder mit körpereigenen Fetten ein, damit es wasserabweisend bleibt und die Kraniche jederzeit voll flugfähig sind. Das Baden und Putzen findet oft in kleinen Gruppen synchron statt. Bei diesen Aktivitäten wird die gesamte Federpracht besonders anschaulich.

Seit jeher spielen die verschiedenen Kranicharten in den unterschiedlichsten Kulturen rund um den Erdball eine bedeutende Rolle in der Mythologie und Heraldik. Er galt und gilt als glücks- und erfolgsbringender Vogel. Kraniche trugen die Seelen der Toten in den Himmel und galten als Symbol für Weisheit und Langlebigkeit. Sämtliche Sagen und Legenden rund um den Kranich zu beschreiben, würde jedoch ein eigenes Buch füllen. Darum an dieser Stelle lediglich zwei Beispiele: In der schwedischen Provinz Västergötland trug er bei seiner Ankunft im Frühling »Licht ins Bett«. Jetzt waren die Tage lang genug, dass Kerzen und Talglichter weggeräumt wurden, und man sich schlafen legte, sobald es zu dunkel zum Arbeiten war. Um Glück mit der Ernte zu haben, machte man überdies den »Kranichlauf«. Alle Hofbewohner, alt wie jung, rannten dabei drei Runden rückwärts(!) um den Hof. Und statt Osterkarten wurden von den Kindern Kranichkarten gezeichnet, die sie bei allen Nachbarn im Dorf durch Fenster und Türen warfen.

Auch in Deutschland galten Kraniche als Symbol des Fleißes und der Wachsamkeit. Laut einer alten Sage halten Kraniche beim Ruhen im Flachwasser in der angezogenen Klaue einen Stein. Beim Einschlafen sollte der Aufprall des Steines auf dem Wasser den Vogel wecken: »Der Kranich hält den Stein, des Schlafs sich zu erwehren. Wer sich dem Schlaf ergibt, kommt nie zu Gut und Ehren.« Auch wenn der Kranich längst nicht mehr die gleiche hohe mythologische Stellung hat wie einst, so weckt seine Ankunft doch nach wie vor starke Gefühle bei uns Menschen. Vor allem die ersten Kranichrufe im Frühling zeigen uns, dass der Frühling, dass Licht und Wärme nicht mehr weit sind.

Kraniche begleiten uns Menschen fast rund um den Erdball. Lediglich in Südamerika und der Antarktis kommen keine Kraniche vor. Doch überall sonst, wo Sonne und Mond auf- und untergehen, sind ähnlich faszinierende Bilder zu beobachten wie auf dieser Doppelseite. Mit insgesamt 15 Arten erfreuen sie uns also fast weltweit. Dabei versuchen sie sich scheinbar in ihrer Anmut und Schönheit gegenseitig zu übertreffen. Sei es der ganz weiße Nonnenkranich in Ostasien, die Kronenkraniche in Afrika oder der Kanadakranich in Nordamerika. Selbst »Down Under«, in Australien, wurde 1960 mit dem Saruskranich eine Art eingebürgert.

Fast weltweit erfüllen Kraniche den Himmel mit ihren einzigartigen Flugbildern und Rufen.

Während einige Arten deutlich im Rückgang begriffen sind, zeigen die nord, west- und mitteleuropäischen Vorkommen einen stark steigenden Trend. So werden sie uns auch zukünftig mit ihren einzigartigen Flugbildern und Rufen immer wieder verzaubern. Und wie oft wünschen wir uns, mit ihnen auf den weiten Zug gehen zu können …

Der Traum vom Fliegen ohne technische Hilfsmittel bleibt uns jedoch verwehrt. Doch immerhin bieten uns einige internationale Fluggesellschaften einen schwachen Trost. Allen voran die Deutsche Lufthansa, die seit 1926 den Kranich in ihrem Logo trägt. Weiterhin ziert er die Wappen von Airlines in China, Uganda und Japan.

Schnee und Eis im Reich des Steinadlers

Mit dem Seeadler ist der Steinadler unser größter heimischer Greifvogel. Während die Seeadlerbestände jedoch vor allem in Nord- und Nordostdeutschland ansteigen, bleibt das Brutvorkommen des Steinadlers auf die bayerischen Alpen beschränkt. Mit etwa 50 Brutpaaren besiedelt er den deutschen Alpenbogen zwischen Berchtesgaden und Allgäu, zwischen Watzmann und Zugspitze. Über den Steinadler hinaus »ähnelt« die Fauna der Alpen jener der nordischen Länder. Schneehasen und Schneehühner gehören ebenso dazu wie Luchs und Kolkrabe. Gemeinsam mit dem »König der Lüfte« begleiten Sie der schwarze »Wotansvogel« und die letzte europäische Großkatze auf den folgenden Seiten in ein Meer aus Schnee und Eis.

Während sich der Luchs anschickt, dereinst verlorene Lebensräume zurückzuerobern …

Luchs und Steinadler haben viele Gemeinsamkeiten. Beide stehen an der Spitze von Nahrungspyramiden. Sie sind also Spitzenpredatoren. Folglich beherbergt ihr Management im Zweifel ein hohes Konfliktpotenzial und Akzeptanzprobleme in oder zwischen den beteiligten Interessengruppen. Beide sind die größten europäischen Vertreter ihrer zoologischen Gattungen. Luchs und Steinadler haben ein in vielen Teilen ähnliches Nahrungsspektrum: Feld- und Schneehasen, Rehe sowie zumindest die Jungtiere der anderen Schalenwildarten zählen dazu. Beide haben, je nach Lebensraum- und Nahrungsangebot, vergleichsweise große Aktionsräume. Und beide teilen sich in Europa weite Teile ihres Verbreitungsgebietes. Sie kommen gemeinsam in den Alpen vor, in den Pyrenäen, in den Karpaten sowie in großen Teilen Skandinaviens und Osteuropas bis in die unendlichen Weiten Russlands.

In Deutschland jedoch scheiden sich die »Geister«. Das Brutvorkommen des Steinadlers beschränkt sich auf die Alpen. Dort könnten zweifelsohne auch Luchse leben, doch reicht der Populationsdruck aus den Anrainerstaaten Schweiz und Österreich offenbar (noch) nicht aus. Das Vorkommen der Pinselohren beschränkt sich durch Zuwanderung oder Wiederansiedlungsprojekte zwar größtenteils auf den Harz, den Pfälzerwald, Nordostbayern und den Schwarzwald, doch zeigen Einzelbeobachtungen, dass es dabei offenbar nicht bleiben wird.

… dürfte das Vorkommen des Steinadlers in Deutschland auch zukünftig weitestgehend auf die Alpen beschränkt bleiben.

Der Kolkrabe besiedelt mit Luchs und Steinadler zwar auch die auf der vorhergehenden Doppelseite genannten Regionen, doch hat er darüber hinaus längst auch wieder zahlreiche Areale im Flachland samt der zugehörigen Agrar- oder Kulturlandschaft besetzt. Schon etwa im Jahre 1940 war der Wotansvogel in fast ganz Mitteleuropa durch menschliche Nachstellungen ausgestorben. Dieses Bild hat sich bis heute jedoch grundlegend gewandelt. Die meisten Rabenvögel verfügen über eine hohe ökologische Toleranz und sind folglich sehr anpassungsfähig. Darüber hinaus haben sie erstaunliche kognitive Fähigkeiten und gehören zu den intelligentesten und lernfähigsten Tieren überhaupt. Diese Eigenschaften machen etliche Arten, auch den Kolkraben, nicht nur in Deutschland und Mitteleuropa zu äußerst erfolgreichen Kulturfolgern. Dieser bewohnt Mittel- und Hochgebirge, Wälder, Tundren und weitere halboffene oder offene Landschaften von Sibirien bis zu den Mittelmeerinseln. In der zoologischen Systematik zählen Rabenvögel (Corviden) zur Ordnung der Sperlings- oder Singvögel (Passeriformes). In etwa 120 Arten haben sie bis heute sämtliche Kontinente mit Ausnahme der Antarktis besiedelt. Unter den heimischen Arten ist der Kolkrabe jedoch allein durch seine Größe (55–70 cm) und seine 120 bis 130 Zentimeter umfassende Spannweite kaum zu verwechseln. Ein keilförmiger Stoß, der extrem massive Schnabel sowie sein lautes Fluggeräusch und die arttypischen Rufe runden das Bild ab.

Den überaus anpassungsfähigen Kolkraben können wir im Hochgebirge oberhalb der Baumgrenze ebenso wie in der Agrarlandschaft des Flachlandes beobachten.

Kolkraben gelten in vielen Ländern der Erde als Symbol des Winters.

Auch ihre Balz fällt häufig noch in die Zeit des Eises und Schnees.

Können Sie sich vorstellen, eine Hochzeit bei tiefen Minusgraden in Eis und Schnee zu feiern? Beim Kolkraben ist dies – zumindest in Gebirgslagen – der Normalfall. Die Balz der Raben fällt in den Januar und Februar. Zu ihren Ritualen zählen zum Beispiel auffallende Flugspiele mit Flugrollen und gegenseitiges Füttern. Auch bei unserem größten heimischen Singvogel also geht die Liebe offenbar durch den Magen. Die Eiablage beginnt in Mitteleuropa schon in der letzten Februardekade oder in der ersten Märzhälfte. Den Horst bauen die territorialen Paare je nach Angebot in Felswänden oder auf Bäumen. Nach einer Brutzeit von etwa 20 Tagen schlüpfen die nesthockenden Jungvögel, die nach einer etwa fünf bis sechs Wochen langen Nestlingszeit den Horst verlassen.

In der germanisch nordischen Mythologie soll der Göttervater Wotan (Odin), der auch als Kriegs- und Totengott galt, zwei Raben (Hugin und Munin) als Boten genutzt haben. Der Kolkrabe galt deswegen lange Zeit als Unglücksbote und im Mittelalter als »Galgenvogel«. Darüber hinaus standen und stehen »Aasfresser« vor allem in Mitteleuropa unter keinem besonders guten Ruf: »Fällt er in den Graben, fressen ihn die Raben …« Auf ihrer Nahrungssuche begleiten die Raben beispielsweise auch Wolfsrudel, um an den Rissen der Grauhunde partizipieren zu können. Ebenso tauchen Kolkraben auch auf unseren Jagden auf Schalenwild mitunter schon kurz nach den ersten Schüssen am Himmel auf, um später eventuell ihren Teil vom zurückbleibenden Aufbruch zu ergattern. Am Boden hüpfen Kolkraben, wie andere Rabenvögel, häufig in Geiermanier seitwärts. Durch diese Verhaltensweise dürfte der Name »Hans Huckebein – der Unglücksrabe« von Wilhelm Buschs bereits im Jahre 1867 erschienenen Bildergeschichte entstanden sein.

Der äußerst feinsinnige Luchs ist ein geschickter Lauer- und Pirschjäger. Beim Angriff der Beutetiere setzen die Großkatzen voll auf das Überraschungsmoment. Im kurzen Sprint aus der Deckung attackiert der Luchs seine Beute, springt sie an und versucht sie nach kurzem Kampf durch einen gezielten Kehlbiss zu töten. Luchse verfolgen ihre Beute nur über sehr kurze Strecken.

In weiten Teilen seiner Vorkommensgebiete sind Rehe die Hauptbeute des Luchses und können 80 bis 90 Prozent des Gesamtspektrums ausmachen. Wissenschaftler gehen von einem Reh pro Woche und Luchs aus. So auch im Harz, dem »Mittelpunkt« des deutschen Luchsvorkommens. Im höchsten Gebirge Norddeutschlands wurde in den Jahren von 2000 bis 2006 erstmals in Deutschland ein Wiederansiedlungsprojekt für den Luchs gestartet. Insgesamt wurden im Nationalpark Harz 24 Luchse ausgewildert.

Die aus Gefangenschaftshaltungen und -zuchten stammenden Tiere etablierten sich nach einigen Startschwierigkeiten und Problemen recht gut. Schon im Jahr 2011 gingen die Verantwortlichen von knapp 20 Jungtieren aus. Einige der Harzluchse wurden gefangen und mit Telemetriesendern ausgestattet, um mehr über ihre Raumnutzungsmuster und Wanderungen im Dreiländereck zwischen Niedersachsen, Sachsen-Anhalt und Thüringen zu erfahren.

Scheinbar souverän und gelassen trotzt der Steinadler dem einsetzenden Schneefall.

Welch ein Anblick! Der »König der Lüfte« wacht über sein bergiges Reich in Schnee und Eis … Der Adler steht noch immer für Stärke und Mut, für Gottheiten, Wiederauferstehung, ewiges Leben und vieles mehr. In der Mythologie und Heraldik spielt er weltweit eine überragende Rolle. Nach dem Löwen ziert kein anderes Tier die Wappen und Staatszeichen der Länder so häufig wie er. Auch in Deutschland – nicht zuletzt symbolisiert durch den »Bundesadler«. Doch ist Letzterer tatsächlich ein Steinadler? Oder doch ein Seeadler, wie oft vermutet wird? Seit Generationen wird darüber an Stammtischen und sogar unter Ornithologen orakelt und gestritten.

Die Antwort lautet: weder noch! Denn laut Aussage des Deutschen Bundestages stellt unser Wappentier keine bestimmte Adlerart dar. Es handelt sich vielmehr um einen stilisierten Adler. Schon das Banner des Heiligen Römischen Reiches der römisch-deutschen Kaiser zierte vom Mittelalter bis 1806 der »Doppeladler«, der 1848 zum Wappen des Deutschen Bundes erklärt wurde. Im späteren Deutschen Reich wurde er 1871 durch einen einköpfigen Adler ersetzt. Heute gibt es »den Bundesadler« in zahlreichen Versionen und Ausführungen auf Fahnen und Bannern, Briefmarken, Münzen und Briefköpfen. Dem Steinadler ist's egal. Er hat andere Sorgen und Nöte. Von seiner Biologie, seinem Beutespektrum, seinen Lebensräumen und vielem mehr soll auf den kommenden Seiten die Rede sein.

Durch sein goldenes Nackengefieder wird der Steinadler in englischsprachigen Ländern als »Golden Eagle« bezeichnet. Gemeinsam mit dem Seeadler ist er der größte heimische Greifvogel.

Der Steinadler ist nur eine von vier in unserem Land als Brutvögel vorkommenden Adlerarten. Schrei-, Fisch- und Seeadler ergänzen das Quartett. Doch nur der Stein- und der deutlich kleinere Schreiadler zählen in der zoologischen Systematik zur Gattung der »Echten Adler«. Seeadler und Fischadler gehören jeweils eigenen, differenzierten Gattungen an. Eine Verwechslung des goldnäckigen Steinadlers (Golden Eagle) ist auch für ungeübte Beobachter allenfalls mit dem Seeadler möglich. Denn beide sind etwa gleich groß und beeindrucken uns durch ihre breiten Schwingen und eine Spannweite zwischen 190 und 230, beim Seeadler bis 240 Zentimeter. Ihre breiten Schwingen wirken im Flugbild wie leicht überdimensionierte Bügelbretter.

Den Seeadler kennzeichnet darüber hinaus ein keilförmiger und bei erwachsenen Tieren weißer Stoß. Im Flugbild (Gegenlicht) ragen beim Seeadler Kopf und Stoß gleich lang hervor, während beim Steinadler der Stoß deutlich länger als der Kopf hervorsticht. Doch beschränkt sich das »Reich des Steinadlers« in Deutschland von wenigen winterlichen, skandinavischen Zuwanderern in Nord- und Nordostdeutschland auf die Alpen, das des Seeadlers weitestgehend auf die Wald-Seen-Landschaften des Flachlandes. Allen vier heimischen Adlerarten gemein ist das Schicksal der einstigen Fast-Ausrottung in ihren ursprünglichen mitteleuropäischen Lebensräumen.

Bei seinem Beuteflug nutzt der Steinadler jede sich bietende Deckung. Unbemerkt streicht er heran und schlägt urplötzlich zu.

Trotz seiner überragenden Bedeutung in der Mythologie und Heraldik sowie seiner Huldigung als »König der Lüfte« setzte auch in Deutschland schon im 17. Jahrhundert die systematische Verfolgung des Steinadlers als »Nahrungskonkurrent« ein. Das gleiche Schicksal traf andere große Beutegreifer wie den Seeadler, Wolf, Braunbär und Luchs. Bereits im 20. Jahrhundert konnten die letzten Steinadler in unserem Land nur noch in den unzugänglichen und kaum erreichbaren Gebieten der Alpen überleben. Sämtliche Flachland- und Mittelgebirgsvorkommen waren und blieben erloschen. In den Bayerischen Alpen sowie im weiteren europäischen Alpenbogen sind die Bestände trotz schon vorher betriebener Schutzprogramme erst seit den 1970er Jahren wieder angestiegen. Heute gelten sie als stabil auf hohem Niveau.

Experten gehen zur Zeit davon aus, dass jedes mögliche Steinadlerrevier in den Alpen besetzt ist. Steinadler erbeuten in den Alpen überwiegend mittelgroße Säugetiere. Beispielsweise Schnee- und Feldhasen, Murmeltiere sowie die Jungtiere von Reh-, Gams- und Steinwild. Hinzu kommen gelegentlich Füchse und Raufußhühner (Birk-, Auer- und Schneehühner), kleinere Säugetiere und Reptilien sowie auf Almen weidende Schafe und Ziegen. Weiterhin nimmt er vor allem im Winter auch Fallwild und anderes Aas. Wie der Luchs ist auch der Steinadler im Normalfall ein »Überraschungsjäger«. In seinem bodennahen Beuteflug nutzt er Kuppen und Hügel, Steilhänge und Waldränder als Deckung und stößt urplötzlich zu. Getötet wird die Beute durch den sehr kräftigen Griff der Zehen und fast dolchartigen Krallen. Größere Beutetiere werden durch einen Griff in den Kopf und Rücken getötet.

Steinadler führen im Normalfall eine monogame Dauerehe. Die Paare leben territorial und bewohnen ihre Reviere als Standvögel ganzjährig. Die Nutzungsschwerpunkte verschieben sich jedoch mit der Jahreszeit und dem Beuteangebot. Dabei erreichen die großen Greife mit 20 bis 30 Jahren ein erstaunlich hohes Alter. Eine Steinadlerehe hat somit im Durchschnitt länger Bestand als jene des mitteleuropäischen Homo sapiens …

Schließen sich die dolchartigen Krallen des Adlers, gibt es für die Beute kein Entrinnen mehr.

Auch Füchse zählen zum Beutespektrum des Steinadlers. Mit einem Griff in Kopf und Rücken wird »Reineke« zur Strecke gebracht.

Auch dieser Kolkrabe scheint den Beginn des Frühlings herbeizusehnen.

Der Winter in den Alpen ist lang, kalt und schneereich. In den Gipfelregionen scheint jedes Leben erloschen zu sein.

Die Alpen sowie die nordischen Länder Europas werden nicht zuletzt durch ebenso kalte wie lange Winter charakterisiert. Vier Monate und länger haben Schnee und Eis die Landschaft fest im Griff. Und während Temperaturspannen von etwa 60 Grad Celsius oder mehr für die Wildtierfauna des Flachlandes eher die Ausnahme darstellen, sind sie für jene des hohen Nordens und des Hochgebirges die Regel. Diese Quecksilbersäule entspricht dem Unterschied zwischen heißen Hochsommerphasen mit etwa 35 Grad und sehr kalten Wintertagen mit minus 25 Grad oder darunter – verbunden mit einem ausgeprägten Wechsel des natürlichen Äsungsangebotes sowie mehr oder minder hoher Schneelagen. So ist zum Beispiel die durchschnittliche Höhe der winterlichen Schneedecke vielfach der entscheidende Faktor für die Verbreitung oder die schwankenden Arealgrenzen einer Art. Nicht tolerierbare Kälte, Nahrungsverknappung oder die Unzugänglichkeit der Nahrung sind Gründe dafür, dass Zugvögel ihre Brutquartiere zum Herbst und Winter hin verlassen.

Steinadler und Kolkraben jedoch sind Standvögel, die Kolkraben allenfalls Strichvögel. In alpinen Regionen weichen beide aber in die tieferen Tallagen und Voralpen aus. Trotzdem: So malerisch uns eine verschneite Berglandschaft auch erscheinen mag, für die dortige Fauna – mit Ausnahme der Zugvögel – ist und bleibt der Winter im wahrsten Sinne des Wortes ein hartes Brot.

Ein Wintertag in Norddeutschland

Mit diesem abschließenden Kapitel wagen wir einen Sprung von Süden nach Norden und von oben nach unten. Von den Hochlagen der Bayerischen Alpen hinab in das Tiefland Norddeutschlands. In eine Winterlandschaft ohne Berge und Gipfel. Wer jetzt allerdings eine steppenartige Einöde erwartet, die mit einer mehr oder minder dicken Schneeschicht überzogen ist, sieht sich getäuscht. Denn im Gegensatz zu den Extremen der alpinen Regionen wartet die Tiefebene in vielerlei Hinsicht mit einer erstaunlichen Vielfalt auf. Begleiten Sie uns auf einem Beobachtungsgang an verschneiten Feldern, vereisten Mooren, Seen und Flüssen vorbei in winterliche Wälder und frostigen Röhricht.

Schwer lastet der Schnee auf den Ackerflächen. Der Weg entlang der beiden Eichen ist durch das wenige Altgras des Raines nur noch zu erahnen. Fast ausgestorben erscheint die winterliche Kulturlandschaft. Schwermut kommt auf. Doch plötzlich reißen uns etwas gedämpfte trompetenartige Rufe aus unseren trüben Gedanken. Sollten es tatsächlich Kraniche sein? Jetzt und hier? In Eis und Schnee? Wir ziehen die Mütze von den Ohren und lauschen in Richtung des etwa 200 Meter entfernt liegenden Sees. Dort, wo der oben beschriebene Weg sein Ende nimmt. Erneut ertönen die weit tragenden Rufe. Und jetzt sind alle Zweifel verflogen. Es sind die typischen »Posaunenklänge« der Singschwäne. Die Brutvögel der subarktischen Taiga und Tundren von Skandinavien bis Sibirien zählen zu den regelmäßigen Wintergästen an den Küsten und in der Tiefebene Norddeutschlands.

Vom Höckerschwan sind die nordischen Verwandten schon auf weite Entfernung durch ihren fast gerade stehenden Hals zu unterscheiden. Auf nähere Distanz sind sie durch ihre leuchtend gelbe Schnabelwurzel gekennzeichnet. Im Binnenland bevorzugen die großen Entenvögel nicht zugefrorene Teiche und Seen mit flachen Buchten und Uferzonen, von denen sie zur Nahrungsaufnahme auf die Felder streichen. In ihrem Fokus stehen dabei die im August und September eingesäten Winterrapsflächen. Doch werden auch über den Schnee ragende Kohlpflanzen nicht verschmäht.
Der Rotfuchs dagegen verlegt seine Aktivitäten in bejagten Gebieten ganz überwiegend in die langen Winternächte. Derart vertraut heranschnürende Rotröcke, wie rechts im Bild, zählen zu den Ausnahmen. Mit seinem dichten Winterbalg trotzt »Reineke« der winterlichen Kälte. Wobei er seine Schwanzspitze eingebüßt hat, bleibt ungeklärt …

Im Wintermoor finden auch Rehe keinen Halt. Sie bleiben deshalb in Feld und Wald.

Um nicht die Gesundheit oder gar das Leben zu riskieren, muss man sich im überfrorenen Moor schon sehr gut auskennen. Jeder Fehltritt könnte fatale, vielleicht gar tödliche Folgen haben. Um nicht als eine der so oft zitierten Moorleichen zu enden, soll an dieser Stelle ein vom sicheren Weg aus geschossenes Foto genügen. Eindrucksvoll genug erscheint es allemal. Sicheren Tritt bietet dagegen der tief verschneite Winterwald und lädt uns zu einem Spaziergang ein. Die langsam kälter werdenden Füße lassen uns jedoch schon bald an ein abendliches Kaminfeuer mit Glühwein und weihnachtlichen Leckereien denken.

Diese Option haben Rehe naturgemäß nicht. Obwohl es eigentlich einzelgängerisch lebt, bildet das Rehwild in der kalten Jahreszeit im Offenland sogenannte Wintersprünge. Zur Feindvermeidung verfolgen sie dabei das Prinzip »viele Augen sehen mehr«. Je nach Wilddichte können diese Verbände 30 oder mehr Rehe umfassen. Dabei handelt es sich nicht um starre »Einheiten«. Die Sprünge verändern sich zahlenmäßig und strukturell mitunter in kürzester Zeit. Im Wald beobachten wir solche Zusammenschlüsse nicht.

Fast erstarrt ruht der Winterwald. Trotzdem erscheint ein Spaziergang sehr verlockend …

Schon ab Oktober bekommen die heimischen Populationen der Stockente »Verstärkung«. Durch den einsetzenden Zug ihrer nordischen Artgenossen werden die hiesigen Vorkommen von Oktober bis Dezember in nicht unerheblichem Maße bereichert. Denn während die heimischen Stockenten entweder im Brutgebiet überwintern oder in Richtung Südwesten verstreichen, begeben sich die nord-, nordost- und osteuropäischen Vorkommen alljährlich und in großer Zahl auf den Zug. Einige dieser Wintergäste bleiben gar bis Anfang April in Mitteleuropa. Sie treten also erst dann ihre Heimreise an, wenn zahlreiche Weibchen der heimischen Bestände bereits fest auf ihrem Gelege sitzen oder gar die ersten Gössel führen.

Durch ihren zeitigen Brutbeginn wurde die Stockente in früherer Zeit als »Märzente« bezeichnet. Im gesamten Winter sind Stockenten in großer Zahl an Flüssen, Teichen, Seen und Parkgewässern anzutreffen. Erst dann, wenn auch die letzten Wasserflächen überfrieren, brechen die Scharen in Richtung Südwesten auf.
Als Stammform vieler unserer Hausentenrassen und -schläge wurde die Stockente bereits vor etwa 3000 Jahren in Europa domestiziert.

Stockenten und Seeadler sind im Winter weitgehend auf eisfreie Gewässer angewiesen.

Auf der Suche danach kann es aus Sicht der Stockenten zu unliebsamen Begegnungen kommen.

Auch der Seeadler ist auf eisfreie Gewässer angewiesen. Die mächtigen Greife bleiben in fast ganz Europa als Standvögel in ihren angestammten Revieren. Ihr Nahrungsspektrum besteht ganz überwiegend aus Fischen und wird ergänzt durch Enten, Rallen, Kormorane und andere Wasservögel. Auch Stockenten stehen folglich – wenn auch relativ selten – auf ihrem Speiseplan. In winterlichen Notzeiten fressen sie jedoch auch Fallwild, von menschlicher Jagdausübung zurückbleibende Aufbrüche und anderes Aas. Dabei orientieren sich die Adler mitunter an den Trupps der Kolkraben, die derartige Kadaver und andere »Ressourcen« in aller Regel zuerst entdecken. Aus Menschensicht eines Adlers eigentlich unwürdig, parasitieren sie gelegentlich auch an der Beute anderer Greifvögel.

Der winterlichen Mangelsituation mit herabgesetzter Bewegungs- und Stoffwechselaktivität angepasst, verkleinert sich darüber hinaus der Rehpansen zum Winter hin um etwa 20 Prozent. Hinzu kommt eine Verringerung beziehungsweise Verkürzung der Pansenzotten – eine Anpassung an die langsamere Vergärung der faserreicheren und nährstoffärmeren Winteräsung. Der komplette Stoffwechsel wird also zurückgefahren. Die Rehe brennen quasi auf Sparflamme! Angesichts der umgebenden Landschaftsbilder sicher nicht die schlechteste Lösung …

In weiten Sprüngen sucht dieses Reh sein Heil in der Flucht. Als Säugetiere ohne Winterschlaf oder -ruhe müssen Rehe ganzjährig aktiv sein. Hohe Schneelagen erschweren ihnen die Fortbewegung, ihre Nahrungssuche und -aufnahme. Doch sind auch Rehe an diesen winterlichen Engpass durch einen »Energiesparmodus« bestens angepasst. Sie senken ihren Stoffwechsel und ihre Nahrungsaufnahme etwa in der Zeit von November bis März deutlich ab. In harten Wintern »heizen« Rehe überwiegend mit im Herbst angelegten, körpereigenen Fettreserven, ergänzt durch die Energie, die über die noch zur Verfügung stehende Nahrung aufgenommen wird. Fettmoleküle sind kleine »Kraftwerke«, die bei gleicher Menge deutlich mehr Energie als Kohlenhydrate oder Eiweiße beinhalten.

Trotz der mitunter hohen Winterverluste zählt das Schwarzwild zu den »Erfolgsmodellen« der mitteleuropäischen Wildtierfauna.

Auch Wildschweine verfügen im Winter über große Fettreserven. Vor allem auf die Frischlinge trifft dies allerdings nur dann zu, wenn ihr Geburtsdatum sowie die jeweils verfügbare Nahrung die Anlage solcher Depots ermöglichen. Das Schwarzwild zählt zu den Allesfressern und sucht seine Nahrung ganz überwiegend auf oder im Boden. Hohe, womöglich verharschte Schneedecken und Bodenfrost erschweren ihnen die Nahrungssuche und -aufnahme folglich in erheblichem Maße. So kommt es in sehr kalten, schneereichen und langen Wintern immer wieder zu einer hohen Mortalität der Frischlinge. Dies umso mehr, als dass mehr oder minder viele der zunächst gestreiften Jungtiere bereits im Dezember oder Januar im Wurfkessel der Bache zur Welt kommen. Die tendenziell nach wie vor steigenden Schwarzwildbestände zeigen jedoch, dass diese Verluste durch die hohe Fortpflanzungsrate der in höchstem Maße anpassungsfähigen Schwarzkittel in kürzester Zeit, besonders in Jahren mit reicher Eichen- und Buchenmast, kompensiert werden.

Nur wenigen von uns ist es vergönnt, eine Rohrdommel beobachten zu können. Der heimliche Bewohner ausgedehnter Schilf- und Röhrichtbestände ist nicht nur selten, sondern überdies durch sein Tarngefieder seinem Lebensraum bestens angepasst. Bei Gefahr nehmen Rohrdommeln zunächst die sogenannte Pfahlstellung ein. Mit lang nach oben gerecktem Hals schwanken sie mit den Bewegungen der umgebenden Schilf- und Röhrichthalme im Wind. Die Rohrdommel zählt zur Familie der Reiher. So ist sie zwar unter anderem mit dem Graureiher verwandt, doch bilden die Dommeln eine eigene Unterfamilie. Die Balzrufe der Männchen im Frühjahr sind weithin hörbar und klingen wie ein dumpfer, dunkler Ruf eines Rindes. Diese Töne brachten der Rohrdommel den volkstümlichen Namen »Moor-« oder »Riedochse« ein. Vor allem nachts wirken diese Töne auf Menschen, die Rohrdommeln nicht kennen, sehr befremdlich und unheimlich. Wie alle Reiher fliegen auch Rohrdommeln mit s-förmig angezogenem Hals. Sie ernähren sich vorwiegend von Fischen und Amphibien, nehmen aber auch Kleinsäuger und Insekten zu sich. Im Unterschied zum Graureiher erscheinen die Rohrdommeln durch ihre deutlich kürzeren Beine und den ebenfalls kürzeren Hals sehr gedrungen.

Die Rohrdommel bewohnt vor allem die Röhrichtbestände von Ufer- und Verlandungszonen.

Ausgedehnte Schilfrohrbestände sind jedoch nicht allein die angestammten Lebensräume der Rohrdommel und vieler anderer Tierarten. Das Schilfrohr (Phragmites australis), das umgangssprachlich auch einfach als Schilf, Reet oder Ried bezeichnet wird, ist seit Jahrtausenden ein beliebter Naturbaustoff des Menschen. Mit hoher Wahrscheinlichkeit nutzten bereits die ersten sesshaft gewordenen Menschen das Schilfrohr zur Dachdeckung. Das Reet zählt zu den Süßgräsern und ist fast weltweit verbreitet und verfügbar. Bis heute wird es in Europa, Asien und Afrika zu Reetdächern verarbeitet. Die Gestaltung und Haltbarkeit ist dabei naturgemäß sehr unterschiedlich. Sie reicht von einfachen, dünnen Schilfmatten bis zu den markanten und traditionellen Reetdächern Norddeutschlands.

In einigen Gebieten Norddeutschlands wird das Reet bis heute traditionell im Winter geerntet.

Das Schilfrohr gilt als Charakterart der Ufer- und Verlandungszonen verschiedener Gewässer und weiterer feuchter Standorte. Bei entsprechendem Nährstoffangebot ist das Schilfrohr so dominant, dass es alle anderen Pflanzen verdrängt und mitunter riesige Monokulturen bildet. Die Halme der Pflanze sind hohl. Schon nach den ersten Frösten sterben die oberirdischen Teile ab. So kann die Ernte mitunter schon im Oktober/November beginnen. Die traditionelle Ernte fällt jedoch in den Januar, wenn die ge- oder überfrorenen Schlammzonen und Niedrigwasser einen festen und sicheren Tritt bieten. Durch gesetzliche Regelungen aus Gründen des Natur- und Umweltschutzes wurde die Gewinnung von Reet mittlerweile jedoch streng reglementiert. So wird aktuell über 80 Prozent des Bedarfs in Deutschland aus anderen europäischen Ländern importiert. Reetdächer haben gute Eigenschaften als Wärmedämmung und Schallschutz. Darüber hinaus eignet sich das Schilfrohr sehr gut zur Bepflanzung von Pflanzenkläranlagen.

Die unterschiedlichen Rohrkolben-Arten werden in Norddeutschland auch als »Pompesel« oder »Lampenputzer« bezeichnet.

Auch die Rohrkolben (Typha) stecken hier und dort ihre Halme und Blütenstände durch die Schneedecke der überfrorenen Gewässer. Wie das Schilfrohr sind die Rohrkolben-Arten Pflanzen der Ufer- und Verlandungszonen, die sich über »kriechende Wurzeln«, die sogenannten Rhizome, ausbreiten. Die Verbreitung der flugfähigen Samen erfolgt über Wasser und Wind. Ihre stärkehaltigen Rhizome sind essbar und können roh (geschält) als Kochgemüse oder Suppenzutat genutzt werden.

Dieser Stockerpel musste nolens volens eine eher ungewöhnliche »Landebahn« akzeptieren.

Stockenten sind nicht nur pfeilschnelle sondern auch geschickte und wendige Flieger. Bei entsprechenden »Flugbedingungen« erreichen sie mühelos Geschwindigkeiten von über 100 Stundenkilometer. Bei ihrem Landeanflug werden die Schwingen zum Luftwiderstand breit ausgebreitet und quasi als Bremsen eingesetzt. Ihre durch Schwimmhäute verbundenen Zehen dienen als Fahr- oder Gleitwerk. Auf offenen Wasserflächen gleiten die Märzenten noch über kurze Distanzen. Sie können aber auch ohne Probleme an Land oder im Schnee zur Punktlandung ansetzen.

Stockenten gelten gemeinhin als Allerweltsvögel. Doch bieten uns die Erpel im Prachtkleid – nicht allein durch die arttypischen und weiß umrandeten, blauen Flügelspiegel – stets erneut ein beachtliches Wechselspiel der Farben.

Abgesehen von den immergrünen Pflanzen, wie unseren Koniferen und Brombeeren, erscheint uns die winterliche Vegetation doch oft sehr kahl, eintönig und trostlos. Doch künden bereits im tiefsten Winter diverse Blütenstände und Früchte neues Leben, Frühling und Sommer an. Selbst dann, wenn man – wie im Falle der Beeren des Schneeballs – an den Eiskristallen sogar die Windrichtung ablesen kann. Ebenso erfreuen uns die Hasel-Kätzchen, die bereits im Vorjahr gebildet werden und den Winter überdauern.

Die roten Beeren des Scheeballs und die Kohlmeisen erfreuen uns im Winter ebenso ...

Doch reifen auch die knallroten Steinfrüchte des Schneeballs bereits von August bis November heran. Die Beeren werden von einigen Vogelarten gefressen, die ihrerseits durch die spätere Ausscheidung der Kerne zur Verbreitung des Strauches beitragen.

Der Blaumeise erscheinen die Beeren auf den ersten Blick offenbar als zu groß. Sie ernährt sich in der Winterzeit von den verbliebenen Insekten und deren Larven sowie von Sämereien unserer Laub- und Nadelbäume und anderer Pflanzen. Je nach Angebot spielen auch die Winterfütterungen und Vogelhäuschen von uns Menschen eine wichtige Rolle. Sofern fortlaufend beschickt, werden die Fütterungen und Meisenknödel den ganzen Winter über in schöner Regelmäßigkeit alltäglich angeflogen

Ebenso wie die Kohlmeisen entwickeln die Blaumeisen dabei eine besondere Vorliebe für Sonnenblumenkerne. Beide Meisenarten zählen fraglos zu den häufigsten und beliebtesten Garten- und Parkvögeln unserer Siedlungen und Großstädte. Nicht zuletzt deshalb, weil die kleinen Höhlenbrüter die von uns Menschen so häufig angebotenen Nistkästen zur Brut und Jungenaufzucht dankbar annehmen. Dies allerdings erst im nächsten Frühling, der ja bekanntlich »ganz bestimmt« kommt. Bis dahin aber sollten wir uns frohen Mutes an den Freuden und Reizen des Winters erfreuen. Also: Packen Sie sich warm ein, und raus geht's …

… wie die überreiften Kätzchen der Haselsträucher und die munteren Blaumeisen.

Der Fotograf **Willi Rolfes** *lebt mit seiner Familie in Vechta, im Herzen des Oldenburger Münsterlandes. Mit der Naturfotografie beschäftigt er sich seit 1981. Seine Fotogeschichten erscheinen in Zeitungen, Zeitschriften und Kalendern. Eine Vielzahl von Bildbänden spiegelt seine bisherige naturfotografische Arbeit wider. Einige Fotos wurden bei nationalen und internationalen Wettbewerben ausgezeichnet.*
www.willirolfes.de

Andreas David *ist Wildbiologe und beschäftigt sich von Jugend an mit der Biologie der heimischen Wildtierfauna. Der gebürtige Braunschweiger lebt und jagt heute in Salzhausen im Norden der Lüneburger Heide. Nach seinen Tätigkeiten am Zoologischen Institut der TU Braunschweig, im Nationalpark Berchtesgaden sowie in der Redaktion der Jagdzeitschrift »Wild und Hund« arbeitet er heute als freiberuflicher Biologe. Zahlreiche Publikationen machten ihn bundesweit bekannt.*

Ein kleines Dankeschön

Zunächst gilt unser Dank dem Verlagshaus, insbesondere Kornelia Erlewein (Layout), Steffi Gaede (Lektorat) und Claudia König (Programmleiterin) für ihr großes Engagement bei der Entstehung dieses Buches.

Willi Rolfes: »Danken möchten ich den naturfotografischen Weggefährten Jürgen Borris, Jürgen Reich und Bernhard Volmer für ihre konstruktive Kritik und die vielen gemeinsamen Unternehmungen. Ferner danke ich Fred Bollmann und Ole-Martin Dahle für ihre erstklassige Unterstützung und Hilfe. Nicht zuletzt gilt mein Dank meiner Familie.«

Andreas David: »Mein Dank gilt vor allem den Wildtieren und -pflanzen, die uns stets erneut mit ihrer Einzigartigkeit begeistern. Ein besonderes Dankeschön gilt Annette v. Bonin für die vielen glücklichen Tage und Stunden und ihre große Geduld in schwierigen Zeiten.«